火电厂烟气脱硫脱硝系统运行培训教材

运行标准化管理

国能龙源环保有限公司　编

内 容 提 要

本书根据国能龙源环保有限公司（简称龙源环保）特许运维板块30余家火电厂烟气治理设施的运行经验，以火电厂烟气治理设施运行标准化管理为基础，结合实际管理需要，对火电厂烟气治理设施运行标准化工作进行了全面介绍和阐述。

本书共分为六章，第一章针对我国燃煤电厂烟气治理设施现状、标准化管理实施的意义进行概述；第二章针对烟气治理设施运行标准化管理体系构建展开介绍，包含组织体系构建、标准体系构建、基础设施构建相关内容；第三章针对烟气治理设施运行安全环保标准化管理详细讲解，包括安全环保管理、环境保护监督管理、节能工作标准化管理三方面内容；第四章针对烟气治理设施运行岗位标准化管理进行讲解，包括运行值班、巡回检查、定期工作、日常操作、缺陷管理等内容；第五章针对烟气治理设施运行分析与绩效标准化管理工作进行讲解，包括运行分析、台账、绩效、教育培训工作等内容；第六章针对烟气治理设施运行标准化管理效果评价与改进展开描述，为检验烟气治理设施运行标准化管理水平与改进提供了相关依据。

本书可供电力行业和钢铁、水泥、石化等非电行业脱硫脱硝运行技术人员和管理人员参考使用。

图书在版编目（CIP）数据

火电厂烟气脱硫脱硝系统运行培训教材．运行标准化管理/国能龙源环保有限公司编．—北京：中国电力出版社，2023.12

ISBN 978-7-5198-8402-4

Ⅰ.①火… Ⅱ.①国… Ⅲ.①火电厂-烟气脱硫-设备-运行-技术培训-教材②火电厂-烟气-脱硝-设备-运行-技术培训-教材 Ⅳ.①X701.3

中国国家版本馆CIP数据核字（2023）第236620号

出版发行：中国电力出版社
地　　址：北京市东城区北京站西街19号（邮政编码100005）
网　　址：http：//www.cepp.sgcc.com.cn
责任编辑：赵鸣志　马雪倩
责任校对：黄　蓓　马　宁
装帧设计：赵丽媛
责任印制：吴　迪

印　　刷：北京雁林吉兆印刷有限公司
版　　次：2023年12月第一版
印　　次：2023年12月北京第一次印刷
开　　本：787毫米×1092毫米　16开本
印　　张：11.25
字　　数：235千字
印　　数：0001—2500册
定　　价：60.00元

《火电厂烟气脱硫脱硝系统运行培训教材》

——运行标准化管理——

编写人员名单

郭锦涛	杨艳春	李　伟	王亚光	郑志国	刘明明
周　北	张　超	于若萱	刘永岩	张启玖	李秀娟
郭春晖	温　泉	张来生	王家琛	张　坤	陈　超
杨　政	杨　鑫	徐文成	胡永恒		

序

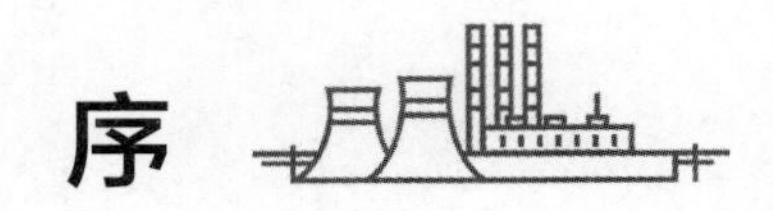

自"十一五"起，我国将加强工业污染防治纳入规划，控制燃煤电厂二氧化硫排放成为环保工作重点之一。经过多年努力，电力环保产业快速健康发展，特别是火电厂烟气治理取得了长足的进步，助力我国建成全球最大清洁煤电供应体系，为打赢"蓝天保卫战"、推动生态文明建设做出了积极贡献。这其中，烟气脱硫脱硝系统等环保设施的高效运行，无疑起到了关键作用。

随着"双碳"目标的提出和能耗"双控"等产业政策的持续推进，"十四五"时期，我国存量煤电机组将从主力电源向调节型电源转型，火电环保设施运维管理必须以持续高质量发展为目标，进一步提高设备可靠性、降低能耗指标、降低污染物排放，保障机组稳定运行和灵活调峰。因此，精细化、标准化和规范化管理，成为提升火电环保设施运维水平的重要着力点。但在实际生产过程中，一些火电企业辅控系统生产管理相对粗放，运行人员技术技能水平偏低，导致运行不稳定、设备损坏、非计划停运、超标排放等现象时有发生，对煤电机组全时段稳定运行和达标排放造成了严重影响，是制约煤电行业高质量转型发展的隐患之一。

国能龙源环保有限公司是国家能源集团科技环保产业的骨干企业，是我国第一家电力环保企业。公司成立近30年以来，始终跻身污染防治主战场和最前线，率先引进了石灰石-石膏湿法脱硫全套技术，率先开展了燃煤电站环保岛特许经营。在石灰石-石膏湿法脱硫及SCR烟气脱硝设计、建设、运营维护方面开展了大量探索实践，逐渐积累形成了关于脱硫、SCR脱硝设施运行管理的一整套行之有效的标准化管理经验。

眼前的这套丛书，正是对这些经验的系统梳理和完整呈现。丛书由两个分册构成，分别从脱硫、脱硝运行标准化过程管理和效果评价、安全运行与优化两个方面，对石灰石-石膏湿法脱硫系统、SCR烟气脱硝系统的运行管理优化做了深入浅出的讲解。这套书是龙源环保团队长期深耕环保设施运维领域的厚积薄发，也是基层技术管理人员从实践中得出的真知灼见。

这套书的出版，不仅对推动环保设施运行作业标准化、促进运行人员技能水平快速提升有重要的借鉴意义，对于钢铁、水泥、石化等非电行业石灰石-石膏湿法脱硫技术及SCR烟气脱硝技术应用水平的提升，也有一定的参考价值。

2023年12月

前言

党的十八大以来，以习近平同志为核心的党中央以前所未有的力度抓生态文明建设，并取得了显著成效。2021年，习近平总书记强调要把碳达峰、碳中和纳入生态文明建设整体布局。“十四五”时期，推进节能减排、坚持绿色发展成为重中之重。在严控煤电增量的背景下，存量煤电机组将从主力电源向调节型电源转型，国家环保主管部门对火电企业全过程污染排放的监管更加严格，环保工作也将进入后超低排放时代。环保设施运维管理必须以持续高质量发展为目标，向规范化、标准化和精细化深入发展。

火电厂烟气治理设施运行标准化管理涵盖烟气治理设施生产经营的全过程，是烟气治理设施运行管理中必不可缺的基础性、规范性工作。运行标准化的最根本目标是通过优化烟气治理设施作业秩序，实现安全、高质、高效达标排放，有力推进减污降碳协同增效，促进现有火电企业绿色转型发展。

为便于火电厂实施烟气治理设施运行标准化管理，完善各项制度，明确主体责任，细化各项标准，严格执行流程，提高运行员工操作的准确性，规范运行操作行为，促进运行人员技能水平和企业综合运营管理能力快速提升，国能龙源环保有限公司依据旗下30余家火电厂烟气治理设施的运行经验，组织相关专家编写了本书。

本书遵照《标准化工作导则　第1部分：标准化文件的结构和起草规则》（GB/T 1.1—2020）、《企业标准体系　基础保障》（GB/T 15498—2017）、《电力企业标准体系表编制导则》（DL/T 485）等国家、行业标准的规定，以及国家能源集团《火电产业运营管理暂行规定》的相关要求，结合国能龙源环保有限公司30余家石灰石/石膏湿法烟气脱硫系统在特许运营过程中积累的丰富经验和教训，结合当前电力企业生产实际需要，对火电厂烟气治理设施运行标准化管理进行全面系统的阐述。全书共分六章，第一章主要阐述了火电厂标准化管理现状及运行标准化管理的意义；第二章主要介绍了运行标准化管理体系构建；第三章主要讲解了安全环保标准化管理；第四章着重阐述了运行岗位标准化管理；第五章主要介绍了运行分析与绩效标准化管理，第六章针对运行标准化管理评价与改进进行了说明。

本书由郭锦涛负责完成第一章至第三章全部内容的资料收集、整理、撰写；郑志国、刘明明负责完成第四章全部内容的资料收集、整理、撰写；杨艳春、李伟、王亚光、周北、张超、于若萱、刘永岩、张启玖、李秀娟、郭春晖、温泉、张来生、王家琛、张坤、陈超、杨政、杨鑫、徐文成、胡永恒负责完成第五章、第六章全部内容的资料收集、整理、撰写。

建立健全支撑烟气治理设施稳定可靠运行的管理体系，形成保障烟气治理设施有效运行的机制，持续改进和提升火电厂烟气治理能力，是实现火电厂烟气治理设施安全可靠、绿色低碳和经济高效运行的必由之路。衷心希望通过本书的出版发行，为广大从事火电厂烟气治理、其他工业废气治理工作的技术人员、管理人员和高等院校师生，提供实用性较强的参考资料，共同为环保行业健康发展做出贡献。

衷心感谢各位领导、专家、同仁在百忙之中抽出宝贵时间参与此书的编写、审校工作。限于作者水平和经验有限，书中难免有疏漏和不当之处，敬请读者批评指正。

编者

2023 年 10 月

目录

第一章 概 述

第一节 火电厂标准化管理现状

标准化管理是企业管理中一项基础性工作，发电企业的性质决定了其在安全管理、设备管理和人员管理方面更加严格。建立企业标准化管理体系、实施标准化管理是发电企业实现健康发展、高速发展、高效发展和高质量发展的重要途径。

改革开放以来，我国标准体系和管理体制历经三次重大改革，形成了新型标准化体系。1979 年，中华人民共和国国务院颁布《中华人民共和国标准化管理条例》，规定我国标准分为国家标准、部（专业）标准和企业标准三级。1986 年 7 月，国务院印发《国务院关于加强工业企业管理若干问题的决定》（国发〔1986〕71 号），明确要求“加强企业管理基础工作，加快企业管理现代化的步伐，逐步建立起以技术标准为主体，包括工作标准和管理标准在内的企业标准化系统”。

1988 年 12 月，《中华人民共和国标准化法》由第七届全国人民代表大会常务委员会第五次会议通过，于 1989 年 4 月 1 日实施。《中华人民共和国标准化法》规定我国标准体系分为国家标准、行业标准、地方标准和企业标准四级。按照约束力划分，国家标准、行业标准可分为强制性标准、推荐性标准和指导性技术文件三种。1995 年，为指导企业标准化活动，国家标准化管理委员会（以下简称国标委）研编了《企业标准体系》系列标准，即：《企业标准化工作指南》（GB/T 15496—1995）、《企业标准体系 技术标准体系的构成和要求》（GB/T 15497—1995）、《企业标准体系 管理标准工作标准体系的构成和要求》（GB/T 15498—1995）。原国家经济贸易委员会根据国家标准化工作的有关规定，结合电力行业的实际情况，于 1999 年 6 月颁布了《电力行业标准化管理办法》（国家经贸委令 1996 年第 10 号），明确电力行业标准化工作包括了“指导推动电力企业开展标准化工作”，规定“电力企业不得无标准作业”。

2003 年，组织对 1995 年版企业标准体系系列标准进行了修订，在原标准基础上增加了“评价与改进”的要求，形成《企业标准化工作 评价与改进》（GB/T 19273— 2003），使本系列标准整体上构成 PDCA——计划（plan）、实施（do）、检查（check）、行动（action）。国标委和原国家电力监管委员会于 2008 年 5 月联合下发了《电力企业标准化良好行为试点及确认工作实施细则》（国标委服务联〔2008〕76 号），在试点的基础上原国家电力监管委员会和国家安全总局于2011年8月联合印发《发电企业安全生产标准化规范及达标评级标准》（电监安全〔2011〕23号），进一步推进了发电企业安全生产标准化建设的规范性和达标升级。

2014年12月，国标委下达了《企业标准体系》系列国标修订计划。2015年3月，国标委组织召开标准修编研讨会，启动修编工作，经各方努力于2017年12月29日标准正式发布，2018年7月1日起实施。

“十四五”开局之年，中共中央、国务院印发《国家标准化发展纲要》，明确了“2025”和“2035”两个阶段的发展目标，提出七项“工程”、五项“行动”、十五项“制度”和二十二项“机制”，并针对七项“重点任务”和两项“组织实施”作出了部署，以进一步加强标准化工作，统筹推进标准化发展。

我国火电厂的标准化管理经历了从探索到成长的跨越式发展，标准化管理为火电厂提供了重要的技术支撑和标准引领作用，促进了电力工业的技术进步，也为国民经济高质量发展提供了基础保障。特别是近几年，电厂标准化管理工作稳步推进、扎实作为，取得了骄人的成绩，不仅贯彻了国家有关部门制定的标准，火电企业自身制定标准化管理内容的数量和质量也在逐年提高，并且大部分都设立了专职、兼职标准化管理部门，负责标准化的管理工作，同时建立了由技术标准、管理标准和工作标准组成的较为健全的运行标准化管理体系。火电厂在运行标准化管理体系工作开展以来，促进了运行管理水平的提高，有效降低了运行人员工作风险，也减少了误操作等事故率，满足了火电企业向高参数、大容量机组发展的管理需要。

第二节　火电厂烟气治理设施运行标准化管理的意义

一、 火电厂烟气污染防治技术

污染物防治技术根据采用不同的生产工艺和污染预防技术产生的不同污染物类型、浓度与水平，匹配相对应的污染物治理技术路线。目前，火电厂烟气污染防治主要采用低氮燃烧、烟气脱硝、除尘与脱硫等技术。

锅炉低氮燃烧技术作为火电厂 NO_x 控制的首选技术，与烟气脱硝技术配合使用实现 NO_x 达标排放或超低排放。烟气脱硝技术主要有选择性催化还原技术（SCR）、选择性非催化还原技术（SNCR）和SNCR-SCR联合脱硝技术。低氮燃烧技术是通过合理配置炉内流场、温度场及物料分布以改变 NO_x 的生成环境，从而降低炉膛出口 NO_x 排放的技术，主要包括低氮燃烧器（LNB）、空气分级燃烧、燃料分级燃烧等技术。

选择性催化还原（SCR）技术是目前燃煤电厂应用最为广泛的烟气脱硝技术，指利用脱硝还原剂（液氨、氨水、尿素等），在催化剂作用下选择性地将烟气中的 NO_x（主要是

NO、NO_2）还原成氮气（N_2）和水（H_2O），从而达到脱除 NO_x 的目的。SCR 脱硝系统一般由还原剂贮存系统、还原剂混合系统、还原剂喷射系统、反应器系统及监测控制系统等组成。影响脱硝效率的因素主要包括催化剂性能、烟气温度、反应器及烟道的流场分布均匀性、氨氮摩尔比等。机组启停机及低负荷时，烟气温度通常达不到催化剂最低运行温度要求，此时 SCR 系统不能有效运行，会造成短时 NO_x 排放浓度超标。逃逸氨和 SO_3 会反应生成硫酸氢铵，导致催化剂中毒和空气预热器堵塞。

燃煤电厂烟气除尘主要采用电除尘、电袋复合除尘和袋式除尘技术。除尘技术应根据环保要求、燃煤性质、飞灰性质、现场条件、电厂规模和锅炉类型等进行选择。目前燃煤电厂应用较多的是电除尘技术。电除尘技术原理是在高压电场内，使悬浮于烟气中的烟尘或颗粒物受到气体电离的作用而荷电，荷电颗粒在电场力的作用下，向极性相反的电极运动，并吸附在电极上，通过振打、水膜清除等方式使其从电极表面脱落，实现除尘的全过程。电除尘技术依据电极表面灰的清除是否用水，分为干式电除尘和湿式电除尘。

烟气脱硫技术按照脱硫工艺是否加水和脱硫产物的干湿形态烟气脱硫技术分为湿法、干法和半干法三种工艺。湿法脱硫工艺选择使用钙基、镁基、海水和氨等碱性物质作为液态吸收剂，在实现 SO_2 达标或超低排放的同时，具有协同除尘功效，协同实现烟气颗粒物超低排放；干法、半干法脱硫工艺主要采用干态物质（例如消石灰、活性焦等）吸收、吸附烟气中 SO_2。其中，石灰石-石膏湿法脱硫技术成熟度高，可根据入口烟气条件和排放要求，通过改变物理传质系数或化学吸收效率等调节脱硫效率，可长期稳定运行并实现达标排放。石灰石-石膏湿法脱硫技术以含石灰石粉的浆液为吸收剂，吸收烟气中 SO_2、HF 和 HCl 等酸性气体。脱硫系统主要包括吸收塔系统、烟气系统、吸收剂制备系统、石膏脱水及贮存系统、废水处理系统、除雾器系统、自动控制和在线监测系统。脱硫效率主要受浆液 pH 值、液气比、钙硫比、停留时间、吸收剂品质、塔内气流分布等多种因素影响。

二、 烟气治理设施运行管理现状

本书中火电厂烟气治理设施是为治理火电厂排放烟气中二氧化硫（SO_2）、氮氧化物（NO_x）、烟尘等大气污染物，提高和改善环境空气质量而建的设施，具体指烟气脱硝设施、烟气除尘设施和烟气脱硫设施及其配套的烟气连续监测设施等。

目前，我国燃煤电厂烟气治理设施运营管理有两种模式，一种是电厂自主运营模式，管理上按照电厂的一个专业部门进行管理。另一种就是以第三方治理服务公司为主体的特许经营和委托运营模式，特许经营模式是燃煤电厂将国家和地方出台的环保电价、与环保设施相关的优惠政策等收益权以合同的形式特许给专业的环境服务公司，由其承担环保设施的投资、建设（或购已建成在役的污染治理设施资产）、运行、维护及日常管理，完成合同规定的污染治理任务；委托运营模式是燃煤电厂按照双方约定的合同价格，将环保设施委托给专业化的环境服务公司，由其承担污染治理设施的运行、维护及日常管理，完成合同规定的污染治理任务。

自2015年1月1日施行的《中华人民共和国环境保护法》（主席令〔2014〕第9号）中，更是将鼓励环境保护产业发展上升到法律的高度。随着全国火电装机容量的持续增长和烟气污染物排放标准日趋严格，作为烟气治理设施第三方运营的环境保护产业也因其专业性优势得到充足的发展，在全国燃煤发电企业烟气治理设施运行中发挥着举足轻重的作用。

火电厂运行标准化侧重于安全生产目标的实现，注重于机、电、炉等主机专业的管理与标准落实，在烟气治理设施等辅助系统的标准化管理工作上则相对较弱，已有的运行标准化体系与烟气治理工作未实现有机结合，烟气治理设施标准的修订实施以及参与标准化管理的能力与主机相比具有一定的差距。长期以来，对烟气治理设施的运行标准化驱动机制不强，参与标准控制的意识也较为淡漠，容易放宽标准化建设标准，简化实施程序，与此同时标准化人才的缺乏是制约烟气治理设施运行标准化发展与质量提升的重要因素之一。

三、 烟气治理设施运行标准化管理重要性

随着社会经济发展水平逐步提高，人们对环保的认识和要求不断提高，燃料在锅炉内燃烧不仅会产生热量生产电能，而且还会产生大量的烟尘、SO_2和NO_x等有害污染物。这些污染物如果不能得到有效治理将对大气环境造成严重污染，不仅对社会经济长远发展带来不利影响，而且也给人民群众的身心健康造成很大伤害。因此，出于对空气环境的保护和治理，国家对燃煤电厂的大气污染治理要求也越来越严格。为此，在积极开展新技术研究加强对火电厂大气污染治理的同时，必须进一步加强污染治理的标准化管理，才能为我国火电厂烟气治理设施安全可靠、绿色低碳和经济高效运行提供新的发展途径。

为了全面贯彻新发展理念，坚定不移走好生态优先、绿色低碳的高质量发展道路，确保如期实现碳达峰、碳中和目标，全国正在全面推进建设以新能源为主体的新型电力系统，火电机组已基本完成了超低排放改造，由基础性电源转为调节性电源。随着光伏、风电等新能源装机在电网中比例大幅增加，火电机组调峰范围越来越大，调峰频率越来越高，这些都给火电机组烟气治理设施的稳定可靠达标运行提出了重大挑战。因此，进一步优化烟气治理设施运行方式，统一操作程序，规范运行人员行为，大力提升烟气治理设施运行标准化管理，能够不断提高烟气治理设施治理水平，实现安全、低碳、经济和高效运行，并且对全面提升社会经济高质量发展和促进火电转型发展都具有深刻意义。

第二章 运行标准化管理体系构建

第一节 组 织 体 系

一、组织机构

为保证火电厂烟气治理设施运行标准化管理工作的顺利开展，企业应建立、健全火电厂烟气治理设施运行标准化管理组织机构，明确各自管理职责，保证组织协调顺畅、计划安排周密、工作有效衔接、过程管理可控，为高质量完成火电厂烟气治理设施运行管理工作提供保障。火电厂烟气治理设施运营管理由电厂自主运营时，运行标准化工作按照电厂机构设置情况开展相关工作；由第三方治理企业特许经营或委托运营时，运行标准化工作按照项目部组织机构设置开展工作。本书重点对以第三方治理服务公司为主体的特许经营或委托运营模式进行介绍，项目部在开展烟气治理设施运行标准化管理工作时接受总公司相关部门（如特许运维事业部）的领导和监督，严格执行总公司相关部门下达的标准化工作要求，同时受电厂相关部门的监督管理，第三方治理项目部运行标准化组织机构图如图 2-1 所示。

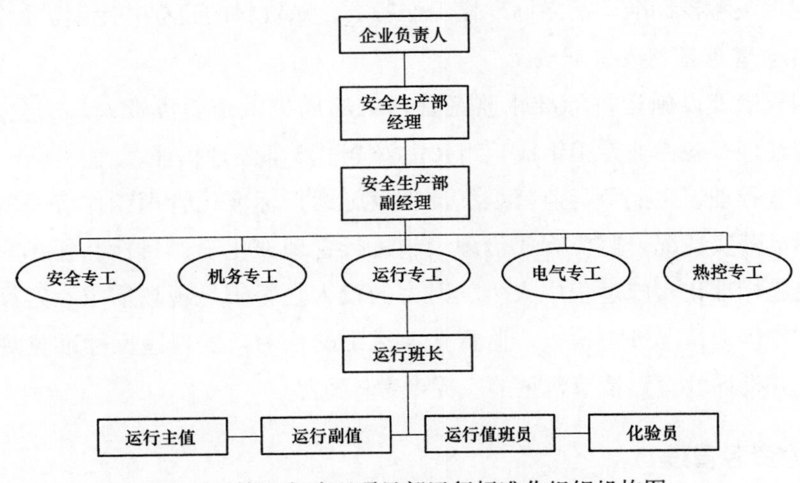

图 2-1 第三方治理项目部运行标准化组织机构图

二、组织分工及职责

企业结合火电厂烟气治理设施运行标准化管理组织机构中的人员设置情况进行组织分

工，成立标准化领导组，下设标准化保障组、标准化监督管理组。

1. 标准化领导组及其职责

火电厂烟气治理设施运行标准化领导组成员由企业负责人、安全生产部经理组成，企业负责人担任组长。

标准化领导组主要负责宣传贯彻国家和地方有关的政策、法律法规和规范标准；组织制定烟气治理设施运行管理准化的工作目标和任务；保障烟气治理设施运行管理标准化人力、财力的投入；审定企业标准化规划、计划；领导建立企业烟气治理设施运行管理的标准化体系；负责完成烟气治理设施运行管理标准化实施的绩效考核；参与标准化的检查、抽查工作，对标准化工作存在的问题督促整改；负责研究决策烟气治理设施运行管理的重要事项，负责与总公司、所在电厂相关部门间的工作沟通协调、信息传递等。

2. 标准化保障组及其职责

火电厂烟气治理设施运行标准化保障组的成员由专业专工、运行班长等人员组成，组长由运行专工担任。

标准化保障组主要负责识别本企业烟气治理设施运行标准化管理工作有关的政策、法律法规和规范标准；组织实施企业标准化领导组下达的烟气治理设施运行管理标准化的工作任务；参与编制企业标准化规划、计划；提出企业年度标准制（修）订计划建议和修订指导；负责编制标准化工作物资需求计划；烟气治理设施标准化工作开展过程中发生事故时，亲临现场指导处理并对异常现象进行分析，调查事故原因并制定技术防范措施；定期组织召开烟气治理设施运行标准化工作的相关分析会并作好相关会议纪要；根据企业生产指标目标制定相关考核标准；指导标准化工作各类台账资料的建立并定期进行检查。

3. 标准化监督管理组及其职责

火电厂烟气治理设施运行标准化监督管理组的成员由企业负责人、安全生产部经理、安全生产部副经理、各专业专工组成，组长由安全生产部经理担任。

标准化监督管理组主要负责监督烟气治理设施运行标准化管理工作有关的政策、法律法规和规范标准落实情况；监督烟气治理设施运行管理准化工作目标和任务完成情况；监督烟气治理设施标准化实施过程中人力、财力的投入是否满足现场需求；定期、不定期对企业标准化工作落地情况进行检查；监督企业员工的行为，发现违反标准化规定的人员应及时进行制止并批评教育，情节严重的应提出考核意见。

三、 人力资源管理

1. 定员管理

定员管理是按照精简、高效、科学、合理的用工机制，借鉴火力发电厂第三方环保治理企业管理模式经验，在保证安全生产的基础上，优化人员配置，完善企业劳动组织建设，统一劳动管理标准，提高运行管理效率。

烟气治理设施的运行采用集控模式，将脱硫、脱硝、湿除、废水深度处理、制粉、除灰、除尘等系统引入集控室集中监控，运行管理按全能值班、设置运行专工、运行班长、运行主值、运行副值、运行值班员、化验员等岗位。脱硫系统运行人员标准岗位定员标准见表 2-1、脱硝系统运行人员标准岗位定员标准见表 2-2、增加工艺系统（设备）核增运行定员标准见表 2-3。

表 2-1　　脱硫系统运行人员标准岗位定员标准

岗位	定员（人）						
	1 个集控		2 个集控				3 个集控
	1 台机组	2 台机组	3 台机组	4 台机组	5 台机组	6 台机组	6 台机组
运行专工	1	1	1	1	1	1	1
运行班长	1	1	1	1	1	1	1
化验员	1	1	1	2	2	2	2
主值	5	5	10	10	10	10	15
副值	5	5	10	10	10	10	15
值班员	5	5	10	10	15	20	15
小计	18	18	33	34	39	44	49

注　1. 两套设备一个集控室，定员 15 人；每增加 1 套设备，运行每值分别增加值班员定员 1 人。
2. 运行专工、运行班长、化验员按照脱硫系统运行人员标准岗位定员标准执行，除脱硫集控室之外的其他系统集控，不再单独设置。

表 2-2　　脱硝系统运行人员标准岗位定员标准

岗位	定员（人）						
	1 个集控			2 个集控			3 个集控
	1 台机组	2 台机组	4 台机组	4 台机组	5 台机组	6 台机组	6 台机组
主值	5	5	5	10	10	10	15
值班员（含氨站值班员）	5	5	10	10	10	10	15
小计	10	10	15	20	20	20	30

注　以两套设备一个集控室，定员 10 人为基础；同等集控条件下按照每增加两台机组，增加 10%备员。

表 2-3　　增加工艺系统（设备）核增运行定员标准

核增定员项目		定员
氨法脱硫工艺	增加值班员	5
同时与脱硫系统集中监管的脱硝系统、废水深度处理、石灰石制粉加湿式球磨机制浆系统、除灰等，增加其中 1 个系统（与脱硫一个集控）	增加副值	5
同时与脱硫系统集中监管的脱硝系统、废水深度处理、石灰石制粉加湿式球磨机制浆系统、除灰等，2 个及以上系统（与脱硫一个集控）	增加副值	5
	增加值班员	5

续表

核增定员项目		定员
同时安装立式干磨、湿磨（含卧式干磨）设备装置的制粉系统	增加值班员（单独集控）	5
除灰系统	增加值班员（单独集控）	5
湿除系统	2套设备不设值班员，每增加2套设备，增加值班员	1
废水深度处理系统	增加值班员（单独集控）	10

注 废水深度处理系统：废水深度处理系统单独设置集控室的，定员10人。

2. 岗位工作职责

（1）运行专工岗位职责如下：

1）负责本专业标准化工作。

2）负责运行基础管理。

3）负责缺陷管理。

4）负责运行分析管理。

5）负责节能管理。

6）负责运行技术管理。

7）负责生产费用管理。

8）负责化验管理。

9）负责运行报表管理。

10）负责工作例会管理。

（2）运行班长岗位职责如下：

1）负责运行班组的安全生产管理工作。

2）负责运行班组的安全保障管理工作。

3）负责运行班组的应急管理工作。

4）负责运行班组的基础管理工作。

5）负责运行班组的培训管理工作。

6）负责运行班组的建设工作。

（3）运行主值岗位职责如下：

1）负责当值安全生产工作。

2）负责应急管理工作。

3）负责当值期间运行监盘、运行技术指标调整等基础管理工作。

4）负责本值人员培训管理工作。

5）负责落实开展班组建设工作。

（4）运行副值岗位职责如下：

1）负责当值安全管理工作。

2）负责参与应急管理工作。

3）负责当值运行监盘、指标调整等基础管理工作。

4）负责协助开展本值培训管理工作。

5）负责当值文明卫生工作。

（5）运行值班员岗位职责如下：

1）负责落实安全生产工作。

2）负责落实应急管理工作。

3）负责落实“两票三制”，记录运行台账等基础管理工作。

4）负责落实运行培训工作。

5）负责当值文明卫生工作。

6）负责落实班组建设工作。

（6）化验员岗位职责如下：

1）负责落实安全生产管理工作。

2）负责开展烟气设施涉及的化验工作。

3）负责化验室分析仪器的维护和保养工作。

4）负责化验室台账建立工作。

5）所管辖区域内的文明生产和定置摆放。

3. 员工绩效管理

（1）绩效考核原则。企业员工绩效考核遵循以下原则：经营业绩引领；分类考核；定量为主、定性为辅；激励约束统一。

（2）月度绩效考核。员工月度绩效考核工作参照“员工月度绩效考核指标”（见表 2-4）内容开展，结合《安全生产奖惩管理》制度中的条例进行奖惩，考核结果与员工绩效奖金直接挂钩。

表 2-4　　员工月度绩效考核指标

序号	考核指标
1	未落实安全生产调度管理制度
2	未落实两票三制管理制度
3	未落实员工培训管理办法
4	未落实请休假管理办法
5	未落实定期工作管理规定
6	发生误操作或因操作原因造成环保排放指标超标
7	未落实缺陷管理规定
8	未落实钥匙、临时用电、隔离锁、正压式呼吸器、急救药品、现场各类电源箱、手柄箱使用及管理规定
9	未落实重大事项汇报制度
10	违反劳动纪律

（3）年度绩效考核。员工年度绩效考核要以员工的岗位职责和所承担的工作任务为基本依据，以关键业绩考评为主，重点工作考评、工作态度考评的全面绩效考评。企业应根据内部考核指标，设定各岗位绩效考核指标，指标应包括指标内容、指标完成标准、指标核定数据来源、指标得分计算方式、指标权重等，可参照表2-5，结合各自岗位职责建立各岗位考核指标。

表2-5　　员工年度绩效考核目标模板

被考核人：________

<table>
<tr><td colspan="6">第一部分：关键业绩（40%）</td></tr>
<tr><td rowspan="2">序号</td><td rowspan="2">关键业绩</td><td rowspan="2">权重</td><td>评价标准</td><td colspan="2">完成情况</td></tr>
<tr><td>目标值</td><td>员工自评</td><td>上级评价</td></tr>
<tr><td>1</td><td></td><td></td><td></td><td></td><td></td></tr>
<tr><td>2</td><td></td><td></td><td></td><td></td><td></td></tr>
<tr><td>…</td><td></td><td></td><td></td><td></td><td></td></tr>
<tr><td colspan="6">第二部分：重点工作（30%）</td></tr>
<tr><td rowspan="2">序号</td><td rowspan="2">关键业绩</td><td rowspan="2">权重</td><td rowspan="2">衡量标准</td><td colspan="2">完成情况</td></tr>
<tr><td>员工自评</td><td>上级评价</td></tr>
<tr><td>1</td><td></td><td></td><td></td><td></td><td></td></tr>
<tr><td>2</td><td></td><td></td><td></td><td></td><td></td></tr>
<tr><td>…</td><td></td><td></td><td></td><td></td><td></td></tr>
<tr><td colspan="6">第三部分：能力态度（30%）</td></tr>
<tr><td rowspan="2">序号</td><td rowspan="2">关键业绩</td><td rowspan="2">权重</td><td rowspan="2">衡量标准</td><td colspan="2">完成情况</td></tr>
<tr><td>员工自评</td><td>上级评价</td></tr>
<tr><td>1</td><td></td><td></td><td></td><td></td><td></td></tr>
<tr><td>2</td><td></td><td></td><td></td><td></td><td></td></tr>
<tr><td>…</td><td></td><td></td><td></td><td></td><td></td></tr>
<tr><td>绩效等级</td><td colspan="5">A+卓越□　A优秀□　B良好□　C合格□　D待改进□</td></tr>
</table>

（4）考核结果及应用。月度考核结果直接与当月绩效奖金挂钩；年度考核结果分为A+、A、B、C、D五个等级，考核结果作为企业员工年终奖金兑现、职级调整、岗位调整、评优选先、交流锻炼等工作的重要依据；根据绩效考核得分，分别按照管理序列、生产序列两个序列进行排序，并按照比例进行强制分布，转换得出考核等级结果。年度绩效考核等级结果分布表见表2-6。

表 2-6 年度绩效考核等级结果分布表

序　号	等　级	比　例
1	A+卓越	10%
2	A 优秀	20%
3	B 良好	30%
4	C 合格	30%
5	D 待改进	10%

(5) 考核实施过程。月度考核、年度考核的实施执行企业《员工绩效考核管理》制度中的相关要求。

(6) 监督与考核。绩效考核过程中各责任主体必须坚持公正、公平的原则，必须坚持民主集中和集体决策，决不允许徇私舞弊；对于违反绩效管理体系行为的人员，一经发现、查实，企业将对相关人员进行追责；绩效考核过程中各责任主体应随时做好档案管理工作，妥善保管绩效考核情况的原始记录，以及相关的数据、资料；考核对象对考核结果存有异议，可与企业绩效考核工作小组就考核结果进行沟通。

第二节　标　准　体　系

一、运行管理标准

按照《电力企业标准体系表编制导则》(DL/T 485—2018) 要求，围绕企业的方针目标分析生产、经营、管理需求，识别企业适用的法律法规和指导标准，融合各管理体系，建立以企业标准为主体的企业标准体系。电力企业标准体系包括技术标准体系、管理标准体系和岗位标准体系。技术标准体系可由技术标准、典型作业指导书等组成；管理标准体系由管理标准、制度等组成；岗位标准体系由企业全部技术标准、管理标准中有关本岗位应完成事项和任务等组成。

1. 技术标准体系

技术标准指对企业标准化领域中需要协调统一的技术事项所制定的标准。运行技术标准是运行标准化体系构建的前提，代表了运行技术水平，也标志着运行技术创新水平。其他标准都应围绕技术标准进行，技术标准在运行标准体系构建中占核心与主导地位。火电厂烟气治理设施运行技术主要标准清单见表 2-7。企业还可结合自身特点编制如《烟气治理设施操作票使用指南》《烟气治理设施巡检卡使用指南》《烟气治理设施运行优化导则》《烟气治理设施常见故障处理指南》《烟气治理设施运行规程》《脱硫化验规程》等。

表 2-7　　火电厂烟气治理设施运行技术主要标准清单

序号	技术标准名称	
1	指导性技术标准	《电力安全工作规程　发电厂和变电站电气部分》(GB 26860—2011)
2		《火电厂大气污染物排放标准》(GB 13223—2011)
3		《一般工业固体废物贮存和填埋污染控制标准》(GB 18599—2020)
4		《环境空气质量标准》(GB 3095—2012)
5		《电除尘器　性能测试方法》(GB/T 13931—2017)
6		《湿式除尘器性能测定方法》(GB/T 15187—2017)
7		《固定污染源排气中颗粒物测定与气态污染物采样方法》(GB/T 16157—1996)
8		《燃煤烟气脱硫设备　第1部分：燃煤烟气湿法脱硫设备》(GB/T 19229.1—2008)
9		《煤中全硫的测定方法》(GB/T 214—2007)
10		《燃煤烟气脱硫设备性能测试方法》(GB/T 21508—2008)
11		《燃煤烟气脱硝技术装备》(GB/T 21509—2008)
12		《尿素》(GB/T 2440—2017)
13		《火电站监控系统术语》(GB/T 26863—2011)
14		《平板式烟气脱硝催化剂》(GB/T 31584—2015)
15		《蜂窝式烟气脱硝催化剂》(GB/T 31587—2015)
16		《燃煤烟气脱硝技术装备调试规范》(GB/T 32156—2015)
17		《石灰石及白云石化学分析方法　第1部分：氧化钙和氧化镁含量的测定　络合滴定法和火焰原子吸收光谱法》(GB/T 3286.1—2012)
18		《燃煤烟气脱硝装备运行效果评价技术要求》(GB/T 34340—2017)
19		《燃煤烟气脱硫装备运行效果评价技术要求》(GB/T 34605—2017)
20		《液体无水氨》(GB/T 536—2017)
21		《锅炉烟尘测试方法》(GB/T 5468—1991)
22		《袋式除尘器技术要求》(GB/T 6719—2009)
23		《污水综合排放标准》(DB 14/1928—2019)
24		《火电厂烟气治理设施运行管理技术规范》(HJ 2040—2014)
25		《火电厂烟气治理设施运行管理技术规范》(HJ 2040—2014)
26		《固定污染源烟气(SO_2、NO_x、颗粒物)排放连续监测技术规范》(HJ 75—2017)
27		《固定污染源烟气(SO_2、NO_x、颗粒物)排放连续监测系统技术要求及监测方法》(HJ 76—2017)
28		《固定污染源废气　低浓度颗粒物的测定　重量法》(HJ 836—2017)
29		《固定污染源排放烟气黑度的测定　格林曼烟气黑度图法》(HJ/T 398—2007)
30		《电力环境保护技术监督导则》(DL/T 1050—2016)
31		《电力技术监督导则》(DL/T 1051—2019)
32		《电力系统的时间同步系统　第5部分：防欺骗和抗干扰技术要求》(DL/T 1149—2019)
33		《火电厂烟气脱硫装置验收技术规范》(DL/T 1150—2012)
34		《燃煤电厂固体废物贮存处置场污染控制技术规范》(DL/T 1281—2013)
35		《火电厂烟气脱硝催化剂检测技术规范》(DL/T 1286—2013)

续表

序号	技术标准名称	
36	指导性技术标准	《火电厂袋式除尘器运行维护导则》(DL/T 1371—2014)
37		《燃煤电厂 SCR 烟气脱硝流场模拟技术规范》(DL/T 1418—2015)
38		《燃煤电厂电袋复合除尘器运行维护导则》(DL/T 1447—2015)
39		《火力发电厂脱硫装置技术监督导则》(DL/T 1477—2015)
40		《石灰石-石膏湿法烟气脱硫系统化学及物理特性试验方法》(DL/T 1483—2015)
41		《火力发电厂烟气脱硝调试导则》(DL/T 1695—2017)
42		《脱硫用石灰石/石灰采样与制样方法》(DL/T 1827—2018)
43		《燃煤电厂烟气脱硝装置性能验收试验规范》(DL/T 260—2012)
44		《火电厂烟气脱硝技术导则》(DL/T 296—2011)
45		《火电厂烟气脱硝 (SCR) 系统运行技术规范》(DL/T 335—2010)
46		《电能计量装置技术管理规程》(DL/T 448—2016)
47		《燃煤电厂电除尘器运行维护导则》(DL/T 461—2019)
48		《除灰除渣系统调试导则》(DL/T 894—2018)
49		《除灰除渣系统运行导则》(DL/T 895—2004)
50		《火电厂排水水质分析方法》(DL/T 938—2005)
51		《烟气湿法脱硫用石灰石粉反应速率的测定》(DL/T 943—2015)
52		《燃煤电厂烟气排放连续监测系统技术条件》(DL/T 960—2015)
53		《湿法烟气脱硫工艺性能检测技术规范》(DL/T 986—2016)
54		《火电厂石灰石-石膏湿法脱硫废水水质控制指标》(DL/T 997—2006)
55		《石灰石-石膏湿法烟气脱硫装置性能验收试验规范》(DL/T 998—2016)
56		《火电厂石灰石/石灰-石膏湿法烟气脱硫系统运行导则》(DL/T 1149—2010)
57		《火力发电厂环保设施运行状况评价技术》(DL/T 362—2016)
58		《火电厂湿法烟气脱硫装置可靠性评价规程》(JB/T 11266—2012)
59		《烟气脱硝装置可靠性评定》(JB/T 14102—2020)
60		《烟气脱硫石膏化学分析方法》(JC/T 2437—2018)

2. 管理标准体系

管理标准指对企业标准化领域中需要协调统一的管理事项所制定的标准。运行管理标准是企业运行活动和实现运行技术标准的重要措施，是把企业运行管理的各个方面有机地结合起来，统一到运行质量的管理上，以获得最大的经济效益，作为辅佐技术标准的工具存在。火电厂烟气治理设施运行管理标准清单见表 2-8，但不限于所列内容。

表 2-8　火电厂烟气治理设施运行管理标准清单

序号	管理标准名称	
1	运行专业自建管理标准	运行交接班管理标准
2		设备定期切换与试验管理标准

续表

序号		管理标准名称
3	运行专业自建管理标准	设备巡回检查管理标准
4		运行钥匙管理办法
5		运行分析管理办法
6		运行小指标竞赛管理办法
7		缺陷管理标准
8	运行专业执行企业管理标准	技术监督管理标准
9		班组建设管理办法
10		计量管理标准
11		化验管理标准
12		石灰石（粉）、石膏检测管理标准
13		安全生产责任制
14		安全生产风险分级管控
15		安全用电管理办法
16		危险作业管理办法
17		重大危险源安全监察管理制度
18		应急预案管理制度
19		障碍、异常及未遂管理办法
20		消防安全管理办法
21		防汛管理办法
22		安全监察及隐患排查管理办法
23		反违章管理办法
24		安全生产奖惩管理制度
25		职业健康和工业卫生管理办法
26		质量监督监察管理规定
27		质量问题和质量事故处理管理制度
28		质量风险管理制度
29		质量责任制度
30		采购管理办法
31		员工绩效管理办法
32		环境保护管理规定
33		节能管理办法

3. 岗位标准体系

岗位标准指对企业标准化领域中需要协调统一的工作事项，以岗位作为组成要求的标准。运行岗位标准是运行技术标准和运行管理标准的细化与支撑。运行岗位标准的对象是运行各岗位人员及各岗位人员的工作，规定了工作范围、工作职责、工作能力、工作权限和工作质量等方面内容。火电厂烟气治理设施运行岗位标准清单见表 2-9，但不限于所列内容。

表 2-9　火电厂烟气治理设施运行岗位标准清单

序号	岗位标准名称
1	企业负责人岗位标准
2	安全生产部经理岗位标准
3	安全生产部副经理岗位标准
4	安全专工岗位标准
5	机务专工岗位标准
6	运行专工岗位标准
7	电气专工岗位标准
8	热控专工岗位标准
9	运行班长岗位标准
10	运行主值岗位标准
11	运行副值岗位标准
12	运行值班员岗位标准
13	化验员岗位标准

二、标准的制（修）订

1. 基本要求

企业通过识别烟气治理设施运行适用的法律法规、指导标准和相关文件要求，并把其中的要求转化为标准。企业标准编写格式参照《标准化工作导则　第 1 部分：标准化文件的结构和起草规则》（GB/T 1.1—2020）的要求执行。企业根据生产、经营、管理需要，对技术要求、管理事项、岗位工作分别制定企业技术标准、管理标准和岗位标准。企业的技术标准、管理标准、岗位标准三者之间相互协调，技术标准的执行应贯彻到管理标准，管理标准的落实分解到岗位标准，岗位标准必须确保技术标准、管理标准的有效实施。

2. 基本原则

标准的制（修）订应遵循“现实需要、流程简洁、服务高效、管控到位”的基本原则；符合国家有关法律法规、政策及相关标准的要求，满足企业发展目标及生产、经营、市场、管理需求为导向组织开展。

3. 制订程序

企业制（修）订技术标准、管理标准、岗位标准，按照起草、征求意见、审核、审定、发布等程序进行。

（1）起草。企业相关标准由责任部门负责组织标准的起草，标准初稿完成后经企业责任部门负责人审核后，形成“标准征求意见稿”。

标准编写格式参照《标准化工作导则　第1部分：标准化文件的结构和起草规则》（GB/T 1.1—2020）的相关规定。

标准内容编写按照《电力企业标准编写导则》（DL/T 800—2018）要求执行。

1）管理标准：管理标准的主要内容包括管理职责及管理活动内容、方法和要求，体现对业务管理策划、执行、检查和处置的全过程，按业务流程对管理活动的内容和方法等进行表述。

管理标准包括管理活动所涉及的全部内容和要求，采取的措施和方法应与管理职责相对应。管理标准应列出开展活动的输入环节、转换的各环节和输出环节的内容，包括物资、人员、信息和环境等方面具备的条件，以及与其他活动接口的协调要求。管理标准中明确每个过程中各项工作由谁干、干什么、干到什么程度、何时干、何地干、怎么干以及为达到要求如何进行控制，注明需要注意的例外或特殊情况；必要时可辅以程序或流程图，流程描述与管理内容描述一致。管理标准中管理要求要量化，不能量化的要求用可比较的特性表述。管理标准中规定管理活动报告和记录的形成、传递路线。

标准形成的所有报告和记录的清单，包括报告和记录的编号、名称、保存期限、保存机构必须有统一格式。报告和记录较多时，可在附录中规定。

2）技术标准：国家标准、行业标准、地方标准、团体标准中部分内容适用于企业，可对其内容进行细化，将其转化为企业标准，也可直接引用；企业产品生产/服务提供过程中无标准可依时，应制定企业相关技术标准；企业技术标准可严于国家标准、行业标准、地方标准、团体标准和上级机构技术要求；应根据不同技术对象特征及其制定的目的，确定技术标准的主题内容。

标准条文中，应规定需要遵守的准则和达到的技术要求以及采取的技术措施，考虑消除危险、降低风险、防止污染、保护环境等要求；标准条文中，定性和定量应准确，并应有充分的依据；标准之间不得相互抵触，相关的标准应协调一致。对过程进行时序、顺序规定时，所提出的方法、步骤、时限等要求应明确表述；技术标准不引用企业管理标准和岗位标准。

3）岗位标准：岗位标准的主体内容应包括岗位职责、岗位人员资格要求、工作内容和要求、检查与考核。岗位标准应按企业设定的岗位编制，每个工作岗位都必须制定明确的岗位标准，各岗位职责划分须明确。

岗位职责的描述统一采用“负责＋事项的主题名称”的形式。

岗位人员的任职要求，包括但不限于：

a. 教育背景：从事该岗位具有的文化水平、最基本学历要求。

b. 工作经验：从事该岗位具备的最基本工作经验要求，包括相关专业经历。

c. 知识和技能：从事该岗位所达到的职称（技能等级）、工作技能、专业知识、管理知识、操作水平等一系列专业资质要求；对从事特殊作业的岗位，持有的相应资格证书。

技术标准体系和管理标准体系中的标准能够满足该岗位作业要求时，岗位标准可在内容和要求中直接引用；当技术标准体系和管理标准体系中的标准不能满足该岗位工作要求时，按照下列要求编写：

每个岗位按工作流程明确输入环节、转换的各环节和输出环节的内容，包括物资、人员、信息和环境等方面具备的条件，并与其他工作接口相协调；明确每个环节转换过程中的各项因素、达到的要求、注意的任何例外、特殊情况；特殊要求的岗位，按照国家有关部门颁布的规定制定。

（2）征求意见：企业中标准制（修）订内容涉及的部门，包括存在流程接口部门、标准使用部门、标准实施配合部门等，由责任部门按照规定的格式内容逐一征求意见，协商一致并经与标准有关的部门负责人签字后上报。

（3）审核：制（修）订的标准审核内容主要包括：标准是否适用、先进，是否符合企业发展方向和管理需要，并具有可靠的操作性；是否符合适用的法律、法规和上级标准要求；标准之间是否相互协同；引用标准是否有效；标准条款是否精练、统一，文字、术语是否正确。

（4）审定：通过审核后的标准，必须经企业标准化领导组召开专题会议进行审定。

（5）发布：通过审定的制（修）订标准，企业统一编号后，根据企业公文管理办法以发文形式进行印发，企业中部门内部使用的文件必须经部门经理批准。

三、 烟气治理设施规程的制（修）订

1. 规程编写要求

（1）规程的制定以国家和行业有关电力生产的技术管理法规、典型规程、制造厂设备说明书、设计说明书以及反事故措施的要求为依据进行编写。

（2）规程中的量、单位和符号应使用法定计量单位。

（3）规程文字表述应做到结构严谨、层次分明、用词准确、叙述清楚、文字精练，规程应内容完整。

（4）所有成熟的并行之有效的操作写入规程，规程的操作条款必须具有可行性，并要兼顾其经济性。

（5）规程中管理规定须有确切的依据，对设备的监视要求、操作要求、异常处理、周期时间等要求要具体化，不得使用弹性语言和模糊性描述。

（6）运行规程内容必须明确规定现场运行监视、运行操作、事故及异常情况处理的要求，对一些设备的工作原理、使用操作方法不必写得过于详细，凡属手册、教材、科技书、产品说明书中一般性、解释性、常识性的内容不得写入规程，但对影响设备操作正确性的关键操作步骤必须写明。

(7) 运行规程中不包含岗位责任制等管理制度，运行人员不需要掌握的检修及实验规程内容也不应纳入运行规程。

(8) 编制、审批的规程应纳入企业技术标准体系。

2. 规程要素

(1) 运行规程要素。运行规程包含范围、规范性引用文件、术语与定义、总则、概述、主要特性及设备技术规范、修后的检查与试验、启动与停止、运行维护与调整、事故处理、附录（逻辑保护及定值、定期试验、记录等）等内容，允许某一个章节无内容。

主要特性及设备技术规范包括设计参数和性能保证值，设备的型号、参数、生产厂家等；修后的检查与试验包括系统修后的检查、试验和试转等内容；启动与停止包括系统及设备启动前的检查、启动操作步骤和启动过程中的注意事项等，停运前的准备工作、停运操作步骤、停运后保养和操作过程中注意事项［系统启停及调整可参考《电力系统的时间同步系统　第5部分：防欺骗和抗干扰技术要求》(DL/T 1149—2019) 相关规定］；运行维护与调整包含正常运行过程中监视的指标和参数（明确规定运行各参数的控制范围和极限值）、正常运行中或异常状态下的检查维护项目、系统关键参数的调整方法等；事故处理包括事故处理的基本原则和具体设备发生异常和事故时的现象和处理过程［可参考《电力系统的时间同步系统　第5部分：防欺骗和抗干扰技术要求》(DL/T 1149—2019) 和《火电厂烟气治理设施运行管理技术规范》(HJ 2040—2014) 相关规定］；逻辑保护及定值包括系统主保护及其他各工艺子系统主要设备的联锁保护及定值；定期试验包括设备启动和停运前的相关试验和定期试转、轮换试验，具体编写设备试验的条件和准备工作、试验操作步骤和试验中的注意事项等应编入规程中。

(2) 化验规程要素。化验规程主要包括适用范围、规范性引用文件、总则、化验分析内容及操作方法、溶液的配制及标定、化验室常用仪器的使用及维护、化验分析项目及频次、化验指标控制范围等内容。

化验分析内容主要包括脱硫脱硝剂及副产物、浆液介质、工艺水及废水分析等；化验分析方法、频次、内容及其控制标准；溶液的配制与标定包括：标准溶液的配制与标定、一般试剂的配制、指示剂的配制。

3. 排印要求

(1) 规程的编排格式，参照本书中标准的制（修）订有关要求执行。

(2) 规程的封面和审批签名样式见附录A和附录B，目录样式示例见附录C，前言示例参见附录D。

(3) 印刷标准采用A4幅面（210mm×297mm），允许公差±1mm。在特殊情况下（如图样、表不能缩小时），标准幅面允许根据实际需要延长和加宽，倍数不限，此时，书眉上的标准编号的位置应做相应调整。

(4) 为便于查阅现场运行规程、化验规程的历史修订情况，在规程最后建立修订记录（见附录E）。

4. 规程的审批流程

(1) 运行专业专工按规定进行规程编写。

(2) 编写完毕后报送安全生产部经理审核。

(3) 审核通过后，报请企业负责人批准执行。

5. 规程的修订和管理

各类规程的编制、修订必须成立相应工作组，按照附录F的管理流程完成规程的制修订、审核、批准、存档、备案等工作，企业每年要组织对规程的适宜性、有效性进行审查，如审查后不需修订，出具审查人、批准人签字的“可继续执行”的书面文件，并在发布的每一本规程上注明；现场规程每3～5年进行一次全面修编，企业在设备异动、技术改造、反事故措施完成后三个月内，完成规程的修订并书面通知相关人员。

规程的领用必须填写领用申请单，专业技术人员规程必须做到人手一册，下发的规程必须为受控版本，新规程下发的同时旧版本规程即行作废，作废的规程必须及时收回，统一处置；新建机组在厂用电受电前三个月，应完成第一版规程的编制、审批和印发，在机组运行第一年内为“试行”版本。

第三节 基础设施

一、运行基础设施配置

运行设施的配置是火电厂烟气治理设施运行标准化管理工作的一部分，有助于实现现场安全文明生产标准化工作，推进“提升管理、提升效益”目标，改善现场安全文明生产管理水平，实现企业安全、健康、环保的发展理念。企业可参照以下内容要求为运行专业配置相应基础设施：

1. 场所

企业应根据现有场地为运行人员提供必要的控制室、办票室（或办票功能区）、休息室、餐饮室、更衣室、化验室等基础设施，场地不足时，部分设施可合并。

2. 控制室配置

控制室应配置操作台，台前配置适量的座椅；操作台上应配置显示器、鼠标、键盘、直通值长的录音电话和普通内外线电话；操作台正前方的墙上应配角度合适的辅助监控视屏，视频监控显示屏边上配环保设施生产现场监控的工业电视；在控制室区域配有必要的钥匙柜、资料柜、工具柜、安全帽柜（架）、手机存放盒、充电台等；控制室顶部装有高清摄像头。

3. 休息室配置

休息室应配备必要的电话、桌椅、饮水机、储物柜、安全帽挂架、垃圾桶等设施。

4. 餐饮室配置

餐饮室应配置餐桌、座椅、餐具柜、冷藏柜、微波炉、饮水机、垃圾桶等生活设施。

5. 办票室（或办票功能区）配置

办票室应配备对外统一的办票窗口或工作台、计算机、电话、打印机、资料柜、办公桌椅等。

6. 更衣室配置

更衣室应配有更衣柜、座椅、穿衣镜等。

7. 化验室配置

化验室应配有试验台、通风橱、洗眼器、各类实验仪器、储物柜、资料柜等。

二、运行工器具配置

合理选择和配置运行操作工器具是火电厂烟气治理设施标准化工作管理的基础，是规范运行操作管理的前提，可以有效避免违章、防止事故发生。

企业根据生产现场设备种类和数量、地域、现场环境等条件，为运行人员配备安全工器具、便携式仪表、应急工器具、手动工器具、标识标牌、隔离用品等。企业可参照以下标准为运行专业配置相关工器具。

1. 安全工器具的配置及标准

安全工器具的配置及标准见表 2-10。

表 2-10　　安全工器具配置及标准

序号	名称	规格	数量	图片	检查标准与周期	配置场所
1	绝缘手套	6kV/10kV	2双/处		（1）是否有破损处和其他部位异常现象。 （2）合格证粘贴牢固且在有效期内。 （3）每月检查一次，每半年检验一次	有电气倒闸操作的岗位
2	绝缘靴	6kV/10kV	2双/处		（1）胶料部分是否破损。 （2）合格证粘贴牢固且在有效期内。 （3）每月检查一次，每半年检验一次	有电气倒闸操作的岗位

续表

<table>
<tr><th>序号</th><th>名称</th><th>规格</th><th>数量</th><th>图片</th><th>检查标准与周期</th><th>配置场所</th></tr>
<tr><td>3</td><td>验电器</td><td>3.6、10、15、20、35、110、220、550、1000kV</td><td>各2把/处</td><td>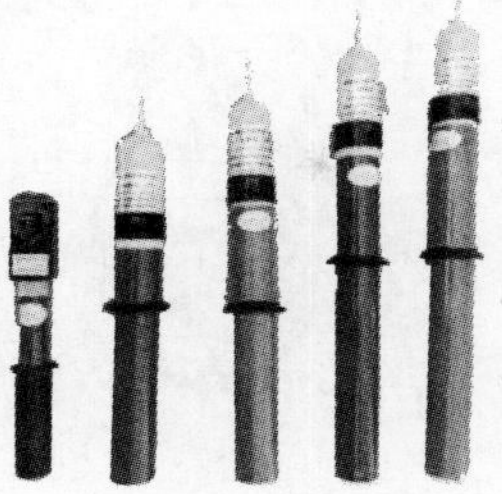</td><td>（1）外观完整无破损。
（2）表面无污物、灰尘。
（3）合格证粘贴牢固且在有效期内。
（4）声光报警正常。
（5）每月检查一次，每半年检验一次</td><td>有电气倒闸操作的岗位</td></tr>
<tr><td rowspan="2">4</td><td rowspan="2">高压绝缘电阻表</td><td>1000V</td><td rowspan="2">各2块/处</td><td rowspan="2"></td><td rowspan="2">（1）外观完整无破损。
（2）绝缘电阻表测量线齐全。
（3）合格证粘贴牢固，且在有效期内。
（4）电池电量满足使用条件。
（5）每月检查一次，每年检验一次</td><td rowspan="2">有电气倒闸操作的岗位</td></tr>
<tr><td>2500V</td></tr>
<tr><td>5</td><td>低压绝缘电阻表</td><td>500V</td><td>2块/处</td><td>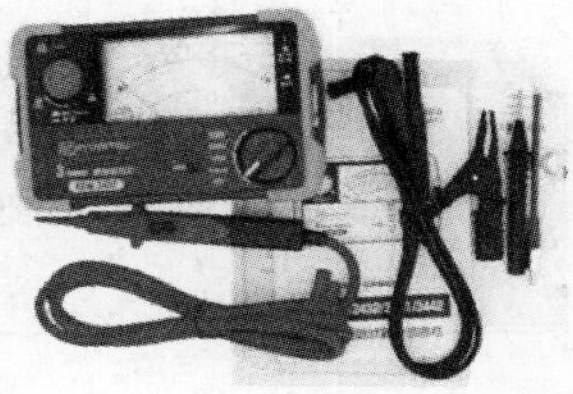</td><td>（1）外观完整无破损。
（2）绝缘电阻表测量线齐全。
（3）合格证粘贴牢固，且在有效期内。
（4）电池电量满足使用条件。
（5）每月检查一次，每年检验一次</td><td>有电气倒闸操作的岗位</td></tr>
<tr><td>6</td><td>携带式接地线</td><td>各企业根据电压等级足量配置
规格示例：线长2m×3根+1m</td><td>若干</td><td>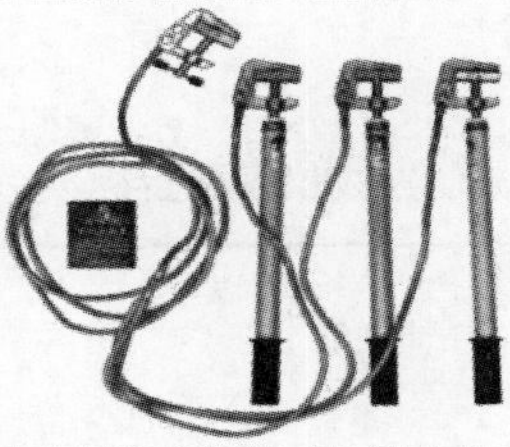</td><td>（1）完整无破损、无断股、绞线松股、夹具断裂松动、护套破损等缺陷。
（2）合格证粘贴牢固且在有效期内。
（3）每月检查一次，每五年检验一次</td><td>有电气倒闸操作的岗位</td></tr>
<tr><td>7</td><td>四合一气体检测仪</td><td><table><tr><th>被测气体</th><th>测量范围</th><th>可选量程</th></tr><tr><td>可燃物</td><td>满量程的0%～100%</td><td>满量程的0%～100%（红外）</td></tr><tr><td>氧气</td><td>满量程的0%～30%</td><td>满量程的0%～30%</td></tr><tr><td>硫化氢</td><td>0～100mg/L</td><td>0～50、200、1000mg/L</td></tr><tr><td>一氧化碳</td><td>0～1000mg/L</td><td>0～500/2000/5000mg/L</td></tr></table></td><td>1块/处</td><td></td><td>（1）外观完整无破损。
（2）合格证粘贴牢固且在有效期内。
（3）电池电量充足。
（4）每月检查一次，每年检验一次</td><td>控制室</td></tr>
</table>

续表

序号	名称	规格	数量	图片	检查标准与周期	配置场所
8	安全带	五点式双钩安全带	2套/处		(1) 安全带检验合格。 (2) 每半年试验一次。 (3) 各主部件未损坏。 (4) 每月检查一次	控制室
9	氨气检测仪	测量范围：0～100mg/L； 响应时间：小于120m/s； 基本误差：±0.2%； 分辨率：0.1mg/L	1块		(1) 外观完整无破损。 (2) 合格证粘贴牢固，且在有效期内。 (3) 电池电量充足。 (4) 每月检查一次，每年检验一次	脱硝控制室
10	护目眼镜	材质能避免辐射光对眼睛造成伤害；防御物体飞溅对眼部产生的伤害	2副		(1) 外观完整无破损。 (2) 合格证粘贴牢固，且在有效期内。 (3) 每月检查一次，每年检验一次	化验室

2. 便携式仪表配置及标准

便携式仪表配置标准见表2-11。

表2-11 便携式仪表配置标准

序号	名称	规格	数量	图片	检查标准	配置场所
1	测振仪	加速度：0.1～199.9m/s^2； 速度：0.1～199.9mm/s； 位移：0.001～1.999mm	1块/处		(1) 外观完整无破损。 (2) 合格证粘贴牢固且在有效期内。 (3) 电池电量充足。 (4) 每月检查一次，每年检验一次	控制室
2	测温枪	温度：－32～380℃	2块/处		(1) 外观完整无破损。 (2) 合格证粘贴牢固且在有效期内。 (3) 电池电量充足。 (4) 每月检查一次，每年检验一次	控制室

续表

序号	名称	规格	数量	图片	检查标准	配置场所
3	执法记录仪	拍照像素：1800 万及以上； 摄像像素：300 万； 画面视角：178°； 影像分辨率：1296P	2 块/处		（1）外观完整无破损。 （2）合格证粘贴牢固且在有效期内。 （3）电池电量充足。 （4）每月检查一次	控制室
4	对讲机	最大通话距离：3km	若干		（1）信号正常，声音清晰，电量充足。 （2）每月检查一次	控制室

3. 应急工器具配置及标准

应急工器具配置及标准见表 2-12。

表 2-12　应急工器具配置及标准

序号	名称	规格	数量	图片	检查标准	配置场所
1	正压呼吸器	30MPa、6.8L 碳纤维瓶	2 套/处		（1）外观完好无损。 （2）气瓶压力在 200～300bar 之间（1bar=0.1MPa）。 （3）合格证粘贴牢固，在有效期内。 （4）各部件连接完好，无漏气。 （5）每月检查一次，每三年检验一次	控制室
2	担架	铝合金折叠担架	1 付/处		（1）抬竿无断裂，无弯曲，布面无破损。 （2）每月检查一次	控制室
3	雨鞋	26 码	2 双/处		（1）外观完整无破损、发黏、老化、裂纹等现象。 （2）每月检查一次	控制室
4	雨衣	L1 套，LX1 套	2 套/处		（1）外观完整无破损、发黏、老化等现象。 （2）每月检查一次	控制室

续表

序号	名称	规格	数量	图片	检查标准	配置场所
5	急救药箱	体温计1支，止血带1根，降暑药2盒，跌打损伤药1盒，急救包2包，夹骨板1副，三角巾1块，生理盐水1瓶，医用酒精1瓶，烫伤膏1管等	1个/处		（1）药品无缺失，无过期药品，使用记录齐全。 （2）每月检查一次	控制室
6	防毒面具	使佩戴者呼吸器官与周围大气隔离	2套/处		（1）罩体、眼窗、导气管及通话器部件完好。 （2）每月检查一次	控制室
7	防酸碱服	材质防酸（碱）性能；L1套，LX1套	2套/处		（1）外观完整无破损的现象。 （2）每月检查一次	化验室

4. 手动工器具配置标准

手动工器具配置标准见表2-13。

表2-13　　手动工器具配置标准

序号	名称	规格	数量	图片	检查标准	配置场所
1	钳子	尖嘴钳 钢丝钳	各1把/处		（1）外观完整、无变形或弯曲、裂纹等现象。 （2）每月检查一次	控制室
2	螺钉旋具	十字螺钉旋具 一字螺钉旋具	各1把/处		（1）外观完整、无变形或弯曲、裂纹现象。 （2）每月检查一次	控制室
3	扳手	长度：8、10、12、15、18in	各1把/处		（1）外观完整、无变形或弯曲、裂纹现象。 （2）每月检查一次	控制室
4	管钳	长度：300、450mm	各1把/处		（1）外观完整、无变形或弯曲、裂纹现象，无油污。 （2）每月检查一次	控制室

续表

序号	名称	规格	数量	图片	检查标准	配置场所
5	听针	长度：500、1000mm	各2根/处		（1）外观完整、无变形或弯曲、裂纹现象。 （2）每月检查一次	控制室
6	阀门扳手	铁质，长度：300、400、500、700mm	各2把/处		（1）外观完整、无变形或弯曲、裂纹现象，无油污。 （2）每月检查一次	控制室
		铜质，长度：300、500mm				
7	大锤	5磅	各1把/处		（1）锤柄清洁、无油污。 （2）锤头完整，表面光滑微凸，无歪斜、缺口、凹入及裂纹等。 （3）锤柄使用整根硬木制成，安装牢固，并将头部用锲栓固定。 （4）每月检查一次	控制室
		10磅				
8	开关摇把	厂家规格	2把/处		（1）外观完整，无变形，无裂纹等现象。 （2）每月检查一次	有电气倒闸操作的岗位
9	隔离开关摇把	厂家规格	2把/处		（1）外观完整，无变形，无裂纹等现象。 （2）每月检查一次	有电气倒闸操作的岗位

5．标识标牌、隔离用具配置标准

标识标牌、隔离用具配置标准见表2-14。

表2-14 标识标牌、隔离用具配置标准

序号	名称	规格	数量	图片	检查标准	配置场所
1	安全标志标牌	160mm×200mm	若干	禁止合闸 有人工作	（1）标识牌无变形、字迹清晰、悬挂绳牢固（“禁止合闸，有人工作”“禁止操作，有人工作”等标识牌）。 （2）每月检查整理一次	控制室
2	隔离围带	涤纶布，厚度为20丝，宽度为5cm，长度为50m	2条/处		（1）无破损，字迹清晰。 （2）每月检查整理一次	控制室

续表

序号	名称	规格	数量	图片	检查标准	配置场所
3	隔离围栏	高：950mm； 长：450～3500mm	2付/处		（1）无破损，伸缩正常，底座牢固。 （2）每月检查一次	配电室
4	隔离闭锁锁具	高：8cm； 宽：4cm	20把/处		（1）锁头无锈蚀，钥匙无缺失，开闭灵活。 （2）每月检查整理一次	控制室

三、 定置管理

1. 控制室的定置管理标准

（1）控制台上不准放置与工作无关的物品（水杯、手机等），台账、记录本使用后应放归原处。

（2）控制台上显示器、鼠标、键盘、电话应规格一致、颜色统一，按划线整齐摆放，各就各位。

（3）操作台下电脑主机应摆放整齐，无灰尘。电源线、网线排列整齐，挂有标识，线不落地。

（4）控制台前座椅应摆放整齐，前后一致，使用后推至原处。

（5）控制室充电台上对讲机、巡检仪、手电充电座应排列整齐，放于固定位。

（6）盘前运行人员手机应放于手机存放盒内。

（7）控制室应设专人负责卫生清扫，保持窗明几净，地面、台面干净无污迹。

2. 休息室的定置管理标准

（1）休息室桌上水杯、茶叶桶使用后，排成直线放于划线处。

（2）使用后的资料、物品等应及时放回原处。

3. 餐饮室的定置管理标准

（1）餐饮室用餐后，桌面擦拭及时，干净无污迹，垃圾桶清理及时。

（2）餐饮室内微波炉、饮水机内外清洁，至少半年消毒一次。

（3）使用后的椅子放回到原处。

4. 办票室（或办票区）的定置管理标准

（1）办公桌上的电脑、电话、印章、打印机等按定置图，摆放整齐。

（2）工作票、操作票、相关台账分类放于资料盒内，资料盒在资料柜内定位放置。

（3）工作票按专业以及未开工、开工、已终结分开存放，已执行的操作票按热机和电气分类存放。

5. 安全帽柜（架）的定置管理标准

（1）企业应配有专门的运行人员安全帽柜（架）。

（2）安全帽平放时统一要求编号朝外，帽檐朝下，靠里放置；安全帽挂置时，帽檐朝里，帽舌朝下。

6. 钥匙柜的定置管理标准

（1）企业设专用钥匙柜。

（2）不同机组的钥匙分柜放置。同一机组的钥匙按区域分布分区挂置。

（3）钥匙环和钥匙钩处有统一的标识，一一对应。

（4）挂钥匙时标识朝外，便于查看。

（5）防误闭锁钥匙封装于固定位置，使用时履行审批手续。

（6）柜内设有钥匙借用登记台账。

7. 资料柜的定置管理标准

（1）资料柜分公用资料柜和班组资料柜，柜门同一位置有统一标识。

（2）柜内资料、台账等分类、分层存放，贴有标识。

（3）资料盒应根据种类定位放置，侧面贴有资料名称和定位标识。

（4）资料盒内资料有清单。

8. 工器具和标识标牌、隔离用具的定置管理标准

（1）企业按照行业标准，根据环境温度、湿度配置适合本地区的安全工器具柜，安全工器具宜采用智能监控系统管理。

（2）各类物品，按上轻下重、精密与粗糙分开的原则，分类分层放置，数量多的物品在柜内从小到大排列，画有固定位或卡扣；柜体和隔板上应贴有标识。

（3）仪表：配充电插座，按大小放在靠上层的隔板上。

（4）绝缘手套：配支撑板，口朝下定位竖放在隔板上。

（5）绝缘靴：配支撑座，口朝下定位竖放在底板（隔板）上。

（6）验电器：配卡扣，定位平放在隔板上。

（7）接地线：配接地线绕线装置，定位竖放在底板（隔板）上；每组接地线与其存放位置均有编号，使用后放回的接地线号码与存放位置号码必须一致。

（8）安全标志标牌：擦拭干净，无变形，在柜内排列整齐，字面朝上，挂绳方向一致。各类标识牌不得混放。

（9）隔离闭锁锁具：统一存放在闭锁装置柜内，每把锁配一把钥匙，锁、钥匙编号统一，一一对应，按编号顺序摆放。

9. 化验室定置管理标准

（1）化验室内墙面悬挂化验室管理制度、药品管理制度、化验人员岗位职责及定置图等。

（2）各类物品定置摆放，并贴有标签；室内药品存放在专用柜。

10. 管道标识管理标准

（1）管道颜色。烟气治理设施中的管道颜色全面执行《工业管道的基本识别色、识别符号和安全标识》（GB 7231）和《火力发电厂保温油漆设计规程》（DL/T 5072）的有关规定。常见管道的油漆颜色及标识见表 2-15。

表 2-15　常见管道的油漆颜色及标识

序号	管道名称	面漆颜色	颜色标号	色样	保温情况	色环	箭头颜色	字体颜色
1	工艺水管道	艳绿	31G03		未保温	无	红色	红色
					保温	绿色	红色	红色
2	油管道	中黄	49Y07		未保温	无	红色	红色
					保温	黄色	红色	红色
3	消防水管道	大红	62R03		未保温	无	红色	红色
					保温	红色	红色	红色
4	空气管道	天蓝	10PB09		未保温	无	红色	红色
					保温	蓝色	红色	红色
5	工业水管道	黑色	Yal 9017		未保温	无	红色	红色
					保温	黑色	红色	红色
6	盐酸管道	大红	62R03		未保温	无	红色	红色
					保温	红色	红色	红色
7	氨气管道	浅黄色	Y06		未保温	无	红色	红色
					保温	黄色	红色	红色
8	石灰浆管道	海灰色	B05		未保温	无	红色	红色
					保温	灰色	红色	红色
9	过滤水管道	海灰色	B05		未保温	无	红色	红色
					保温	灰色	红色	红色
10	碱管道	浅黄色	Y06		未保温	无	红色	红色
					保温	黄色	红色	红色
11	蒸汽管道	—	62R03		保温	红色	红色	红色
12	蒸汽疏水管	—	62R03		保温	红色	红色	红色
13	烟道输水管	海灰色	B05		未保温	无	红色	红色

（2）管道介质流向、色环、介质名称要求。

1）介质流向指示标识规格要求如下：

中文字体：汉仪大黑体，字体行距 75%。

英文字体：Arial 中 Bold。

规格：按管径分 ϕ133 以下、ϕ133～ϕ325、ϕ325 以上。

无保温管道介质流向示例图见图 2-2，有保温管道介质流向示例图见图 2-3，管道的介质名称和介质流向箭头尺寸见表 2-16。

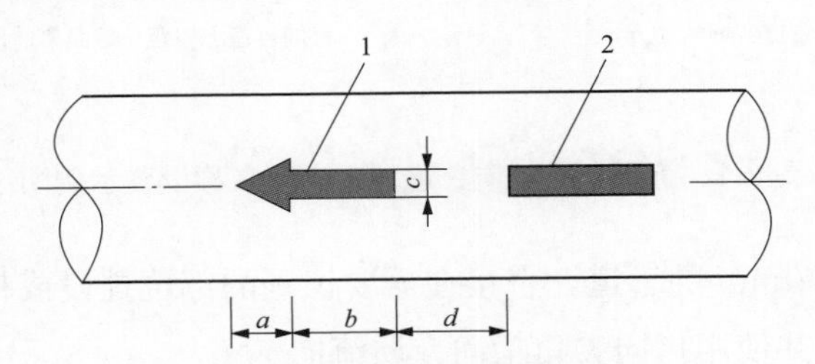

图 2-2　无保温管道介质流向示例图

1—介质流向箭头；2—介质流向名称

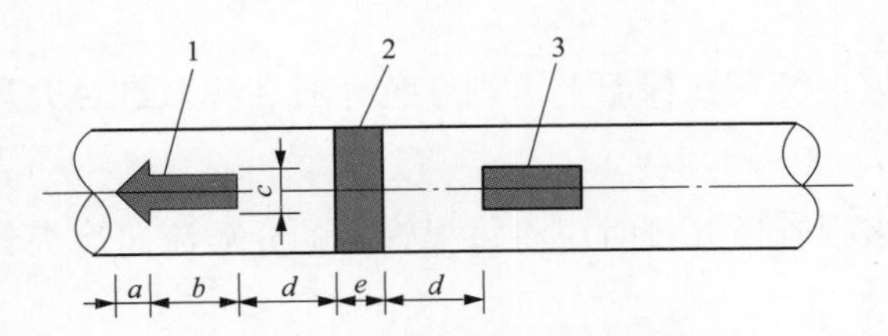

图 2-3　有保温管道介质流向示例图

1—介质流向箭头；2—色环；3—介质流向名称

表 2-16　管道的介质名称和介质流向箭头尺寸表　（单位：mm）

管道外径或保温外径	a	b	c	d	e
≤133	40	60	30	100	60
133～325	80	120	60	150	100
≥325	120	180	90	200	150

注　介质流向箭头的尖角为 60°，字体、箭头的方向按现场管路方向布置。

2）管道介质流向、色环、介质名称设置规定。介质流向标注在管道弯头、穿墙处及管道密集、难以辨别的部位，其位置应在距弯头至少 500mm 的直管道上；如两个弯头相距不够 1000mm 时，应选择中间位置；10m 以上的长管道，应每 10m 标一次介质流向及名称，当介质流向有两种可能时，标出两个方向的指示箭头；管道介质流向、色环、介质名称设置示例图如图 2-4 所示。

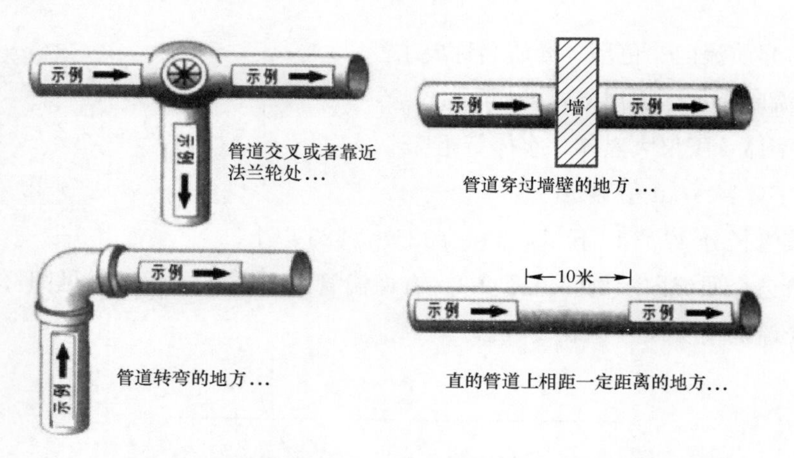

图 2-4　管道介质流向、色环、介质名称设置示例图

3）对于外径小于 70mm 的管道，直接在需要识别的部位挂设或粘贴贴纸、标示牌，标识上应标明介质名称，并使用指向尖角指向介质流向。

4）未加装保温的管道，其管道着色为红色和黑色介质时，统一在管道上涂刷白色介质名称及白色介质流向箭头，其余着色管道统一涂刷红色介质名称及红色介质流向箭头，一律不适用色环。

5）加装保温的管道，统一在保温上涂刷红色介质名称及红色介质流向箭头，并使用对应介质的色环。

6）当同一平面有多根管道并排时应将每根管道的介质流向箭头、文字对齐。

第三章 安全环保标准化管理

第一节 安全环保管理

安全环保管理工作在烟气治理设施生产运行中占据重要地位，做好安全环保管理工作，对于保障烟气治理设施安全、稳定可靠运行，确保排放烟气中污染物浓度达标和主要污染物排放量满足总量控制要求，保证火电厂正常的生产经营、促进企业发展具有非常重要的意义。烟气治理设施运行安全环保管理主要包括安全环保目标、安全环保责任制、风险辨识与分级管控、隐患排查治理、危险化学品与固体废物（危险废物）管理、应急管理及环保技术监督等内容。

一、安全环保目标

根据国家和企业相关安全环保政策和目标要求，结合各项目部的安全生产实际情况，安全生产部在每年年初制定和发布本项目部年度安全环保目标和任务，并由项目部负责人与各运行班组长签订目标责任书，确保各项安全环保目标和任务得到层层分解和落实。运行班组安全环保目标示例见表 3-1。

表 3-1 运行班组安全环保目标示例

运行班组安全环保目标
(1) 不发生轻伤及以上人身伤害。
(2) 不发生设备一类和二类障碍及以上不安全事件。
(3) 不发生 B 类及以上一般设备事故。
(4) 不发生负同等及以上责任的一般交通事故。
(5) 加强防火、防盗管理。非生产区域及办公场所不发生火情火警；生产区域不发生一般火灾，不发生火灾事故。
(6) 控制未遂和异常。
(7) 不发生人身未遂。
(8) 不发生严重违章。
(9) 控制差错不超过规定次数。
(10) 实现三个百日无事故，力争实现全年安全生产无事故。
(11) 做好网络安全。
(12) 大气污染物排放浓度与排放总量达标率 100%。
(13) 水污染物排放浓度与排放总量达标率 100%。
(14) 设备噪声达设计值。

续表

运行班组安全环保目标
（15）自行监测任务完成率：100%；废水处理设施投运率：100%；烟气脱硫系统投运率：100%。 （16）加强易燃易爆易制毒等危险化学品的安全管理，不发生一般及以上不安全事件；加强大宗危化药品进出厂过程管理，不发生危险化学品泄漏事故。 （17）不发生职业病。 （18）接害人员职业健康体检率100%。 （19）烟气在线监测数据传输率100%
运行班组主要保障措施
（1）班长优化运行方式，合理安排检修消缺，完成各项生产任务。 （2）班长在接班前，应检查每位员工做好自身安全防护；在特殊作业时，提醒正确佩戴个人防护用品，规范操作与调整；检查员工人身安全风险分析预控记录（纸版或电子版）的填写与执行情况，杜绝职业健康危害和轻微伤事件的发生。 （3）班长应严格要求本班人员执行“两票三制”，认真监视调整，掌握设备健康状况，及时发现设备缺陷，避免设备异常，杜绝二类障碍事件发生；在交班前，对本班工作完成情况进全面检查，控制两票合格率为100%。 （4）班长结合设备隐患、异常运行方式、特殊天气情况安排运行人员做好事故预想，制定防范措施，防止事故的发生。 （5）运行班组应按照培训计划做好考问讲解、技术问答、运行分析工作，提高运行人员的业务技能和风险辨识能力。 （6）运行班组每轮值（每周）定期开展安全日活动，由班长主持，由专人负责记录，讨论吸取各类事故通报经验教训，提高运行人员的安全防范意识，保证安全培训计划完成率为100%
岗位主要保障措施
（1）运行人员检查和操作调整前，应先进行风险辨识、事故预想，填写员工人身安全风险分析预控记录（纸版或电子版），再进行风险预控，杜绝人身未遂事件发生。 （2）运行人员在执行各项工作时，严格按照安全规程、运行规程、各类技术措施等规章制度执行，避免违章和差错发生。 （3）运行人员认真执行“三制”（运行交接班制，设备巡回检查制，设备定期试验、轮换制）和监视调整，及时发现设备缺陷并督促处理，保证缺陷发现率为100%，杜绝设备异常事件发生

二、 安全环保责任制

安全环保责任制是企业的一项基本管理制度，主要指各岗位人员对安全环保所负责的工作和应承担责任的一种制度。每个员工对本岗位责任制的落实负主体责任，上级人员要对下级人员履职情况进行日常监督、指导，并承担监督、指导、评价与考核的主体责任；运行班组长负责本班组员工责任制的沟通、评估、执行和考核。

运行班组负责制定各班组每个岗位的安全环保责任，主要内容应包括安全生产职责，责任人员、责任范围，到位标准、考核标准，权限与义务。关于安全生产责任制的管理，生产部门负责人应在限期内完成各岗位安全环保目标和任务的评审，完成评审后经报安全生产第一责任人审定、签发，并以文件形式进行发布实施。班组长负责对本班组人员安全环保责任制的沟通，需特别关注新上岗、转岗的员工，确保每个员工明确各自的安全环保目标和任务。运行班组长应定期组织开展安全生产责任制的培训，做好记录；定期组织对上一年度各岗位人员安全生产责任制执行情况进行评估，填写安全责任制履职评估记录表；汇总后报安全专工进行考核。安全环保责任制培训/沟通会议记录（示例）见表 3-2，安全环保责任制履职评估表（示例）见表 3-3。

表 3-2　　安全环保责任制培训/沟通会议记录（示例）

培训（沟通）日期		培训（沟通）地点	
培训（沟通）人		培训（沟通）方式	
培训（沟通）目的	对安全环保职责的培训、安全环保责任制的沟通等		
培训（沟通）内容	（1）讲解安全环保责任制管理制度。 （2）讲解各级人员岗位安全环保责任制的内容。 （3）明确岗位安全环保工作内容。 （4）明确岗位考核方式和内容。 （5）对安全环保责任制适用情况进行评估。 （6）对安全环保责任制进行沟通和说明等		
接受培训（沟通）人员			

表 3-3　　安全环保责任制履职评估表（示例）

姓名：	岗位：		评估时间：	
安全责任	履职标准	自评价	安全生产部负责人评价	安全专业评价
（1）				
（2）				
…				
工作标准	履职标准	自评价	安全生产部负责人评价	安全专业评价
（1）				
（2）				
…				

三、风险辨识与分级管控

1. 风险辨识

运行风险源辨识宜采用头脑风暴法、工作（岗位）危害分析法（JHA）、安全检查表分析法（SCL）、失效模式与影响分析法（FMEA）等方法，结合现场调查、专题研究、专家咨询等手段辨识评估生产现场运行风险。运行风险辨识时应结合具体的操作活动，考虑人的不安全行为、物的不安全状态、环境的不安全因素、管理的失误或缺失四种类型，全面、系统地辨识运行风险，建立风险辨识清单，并进行风险评价和风险控制。运行风险源辨识方法内容与适用情况见表3-4，运行风险辨识清单（示例）见表3-5。

表3-4　运行风险源辨识方法内容与适用情况

序号	方法名称	方法内容	适用情况
1	头脑风暴法	又称智力激励法、头脑风暴（brain storming，BS）法、自由思考法，指刺激并鼓励一群知识渊博、知悉风险情况的人员畅所欲言，开展集体讨论的方法	适用于充分发挥专家意见，在风险识别阶段进行定性分析
2	工作（岗位）危害分析法（JHA）	把一项工作活动分解成几个步骤，识别每一步骤中的危害和可能的事故，设法消除风险	适用于运行巡检、调整、操作过程中的危害识别
3	安全检查表分析法（SCL）	基于经验的方法，分析人员列出一些项目，识别与一般工艺设备和操作有关的已知类型的风险、设计缺陷以及事故隐患	适用于对固有设备设施，特别是对单一设备的危害识别
4	失效模式与影响分析法（FMEA）	识别装置或过程内单个设备或单个系统（泵、阀门、液位计、换热器）的失效模式以及每个失效模式的可能后果	适用于对单一设备和系统，特别是对机械设备、电气系统的工作性能分析

表3-5　运行风险辨识清单（示例）

序号	作业项目	人的不安全行为	物的不安全状态	环境的不良条件	管理的缺失或失误
1	巡回检查	思想不集中	电线裸露	照明不充足	未制定巡检路线
		工器具未带齐全	设备漏电	地面湿滑，有坑、孔、洞	工器具配备不全
		未正确使用防护用品	转动机械防护罩不严	有粉尘、噪声、高温	防护用品发放不及时
		不按巡检路线巡检	设备漏油、漏水、漏汽	高处落物	人员安排不合理
2	设备停送电	未核对设备名称、编号、位置，误拉合断路器	工器具不合格	作业区域上部有落物的可能；照明不充足	人员搭配不合适
		未核对保护名称、位置，误投入、退出其他运行保护	断路器分闸后出现非全相运行，导致设备损坏	雷雨天气室外操作，造成人身触电、烧伤	新进人员参与作业或安排人员承担无法胜任的工作
		操作方法不当导致开关机构损坏	验电器等安全工器具未检验	标识标志缺失或不完善	安全工器具管理制度执行不到位
3	转动设备试转	未填写停送电联系单，按照约定时间停送电	转机防护装置未全面回装	照明不足、高空落物	监督检查缺失，管理制度执行不到位
		转机启动联系不畅，按照约定时间启动	热控、继电保护未投入	检修后，设备周围遗留杂物	通信工具配置不足
		启动前检查不到位，启动时，站位不正确	绝缘电阻测试不合格	粉尘浓度大、环境潮湿	布置工作时未交代安全注意事项
4	参数调整	参数调整不及时，导致越线	调节阀卡涩	环境温度低，设备受冻	消缺不及时，设备带“病”运行

续表

序号	作业项目	人的不安全行为	物的不安全状态	环境的不良条件	管理的缺失或失误
4	参数调整	参数报警发现不及时	设备误跳	环境温度高，绝缘老化，轴承温度高	技术措施不完善，下达不及时
		数值输入错误，连发指令	开关拒动	环境潮湿，电气设备放弧、接地	重大操作监护不到位

2. 风险评价

运行风险评价方法主要有矩阵法，识别出存在的风险，分析和评价风险事件发生的可能性和后果，二者相乘，得出风险的风险值，确定风险级别，进而决定应当采取的风险控制措施。风险评价将风险由高到低分为重大风险、较大风险、一般风险和低风险四个等级。

3. 风险控制

（1）风险控制措施。针对辨识、评价的运行风险制定并落实相应的控制措施，运行专业应采取的风险控制措施包括培训教育措施（如加强技术讲课、仿真系统培训等，提高运行人员操作技能和事故处理能力的措施）；个体防护措施（如人身风险分析预控、规范使用防护用具、提高监护等级等减少、降低风险的措施）；管理控制措施（如制定专项技术措施、操作规定及严格执行“两票三制”“停送电联系单”等减少、降低风险的措施）；做好事故预想、运行分析、反事故演习等工作。

（2）风险控制清单。在制定风险控制措施后，应健全完善运行风险控制清单，确保对运行风险的有效控制。企业典型运行风险控制清单见表3-6，表中存在危险有害因素、风险等级及典型运行预控措施只是一般情况下的典型结果，企业可根据需要结合实际情况针对性确定。

表 3-6　企业典型运行风险控制清单（示例）

序号	作业项目	类型	存在危险有害因素	风险等级	典型运行预控措施
1	巡回检查	人的不安全行为	精神不佳	较大风险	劝其休息，暂不安排工作
			带病工作	较大风险	换人巡检
			思想不集中	一般风险	安排巡检前，交代安全注意事项
			工器具未带齐全	一般风险	巡检前，进行风险分析预控、事故预想，带好工器具
			未正确使用防护用品	一般风险	巡检前，进行风险分析预控、事故预想，戴好防护用品
			不按巡检路线巡检	一般风险	用巡检仪、标准巡检卡等按路线逐项进行检查
		物的不安全状态	承压部件爆漏	重大风险	禁止在高温高压容器、管路附近长时间停留
			设备漏电	重大风险	穿绝缘鞋，严禁接触设备
			转机突然启动	较大风险	检查备用转动设备时，选好撤离路线
			转机防护罩缺失	一般风险	检查转动设备时，袖口应扣好，长发应盘在帽内
			设备漏油、漏水、漏气	一般风险	及时消除设备缺陷，减少跑冒滴漏
			保温不完整	一般风险	不要靠近高温物体

续表

序号	作业项目	类型	存在危险有害因素	风险等级	典型运行预控措施
1	巡回检查	环境的不安全因素	楼梯、栏杆、盖板损坏	一般风险	设置临时围栏，放置明显的警示标志
			噪声、粉尘、有毒有害气体	一般风险	加强通风，戴好个人防护用品（口罩、耳塞等）
			光线昏暗	一般风险	及时开灯，配带手电
			地面湿滑、有坑、孔、洞	一般风险	注意脚下，绕道行走，放置明显的警示标志
			高处落物	一般风险	戴好安全帽，绕道行走，放置明显的警示标志
		管理的不完善性	未制定巡检路线	一般风险	制定合适的巡检路线
			工器具配备不全	一般风险	配备合格的工器具，并定期检查、检验
			防护用品发放不及时	一般风险	及时发放劳保用品
			人员配备不合理	一般风险	完善运行岗位设置和人员配备
			培训教育不到位	一般风险	开展安全技术培训教育工作
2	设备停送电操作	人的不安全行为	无票操作	重大风险	严格执行操作票管理规定，不得无票操作
			未填写停送电联系单	较大风险	严格执行停送电联系制度
			未核对设备名称、编号、位置，误拉合断路器	重大风险	严格执行操作监护，唱票复诵，3s思考，操作前做好事故预想
			未核对保护压板名称、编号、位置，误停其他运行保护	重大风险	严格执行操作监护，唱票复诵，3s思考，操作前做好事故预想
			操作方法不当导致接地开关机构损坏	较大风险	加强操作技能培训，使用合格的工器具
		物的不安全状态	验电器未检验或不合格	较大风险	使用检验合格和电压等级相符的验电器
			绝缘手套不合格	较大风险	按周期做好工器具检验工作，保证随时可用
			断路器分闸后出现非全相运行，导致设备损坏	较大风险	合理整定保护定值
		环境的不安全因素	间距不够	较大风险	低压设备加装辅助绝缘隔板，高压设备禁止操作
			雷雨天气室外操作	较大风险	雷雨天气禁止室外倒闸操作
			照明不足	一般风险	配带手电
			作业区域上部有落物的可能	一般风险	操作前检查上方物件牢固，戴好安全帽
		管理的失误或缺失	人员搭配不合适	较大风险	安排经验丰富的高岗位人员监护
			新进人员参与作业或安排人员承担不能胜任的工作	较大风险	安排有操作资质的人员操作，做好操作技能培训
			安全工器具管理制度落实不到位	较大风险	加强工器具的管理和使用合格的工器具
			无标准操作票	较大风险	编制典型的标准操作票
3	设备试转	人的不安全行为	未填写停送电联系单，按照约定时间送电	较大风险	按规定使用停送电联系单
			转机启动联系不畅，按照约定时间启动	重大风险	配备合适的通信工具，禁止按照约定时间启动
			启动前，检查不到位；启动时，站位不正确	较大风险	作业前做好事故预想和人身风险预控，启动时站在轴向位置
			不熟悉设备	较大风险	开展培训，提高人员操作技能

续表

序号	作业项目	类型	存在危险有害因素	风险等级	典型运行预控措施
3	设备试转	物的不安全状态	转机防护装置未全面回装	较大风险	启动前检查防护装置是否回装正常
			热控、继电保护未投入	较大风险	启动前检查保护投入是否正常
			隔离不全	较大风险	做好与周围系统的隔离措施
			绝缘电阻测试不合格	较大风险	送电前绝缘电阻测试不合格，不准送电
		环境的不安全因素	金属探伤	重大风险	现场有射线探伤时，禁止进入该区域
			照明不足、高空落物	较大风险	戴好安全帽、佩带手电
			机械伤害、物体打击	较大风险	启动前检查转动连接件，连接牢固，启动时站在事故按钮附近
			启动时，噪声大、粉尘浓度大	一般风险	戴好耳塞、口罩
			检修后，设备周围遗留杂物	一般风险	启动前检查工完、料尽、场地清
		管理的失误或缺失	其他班组人员未撤离	较大风险	启动前，检查具备启动条件，确认相关检修工作票已收回，人员撤离
			检修安全交底不全或忘记交代	一般风险	配置检修交代台账
4	参数调整	人的不安全行为	数值输入错误，连发指令	重大风险	开展培训，点“确定”前执行3s思考，做好事故预想
			参数异常发现不及时	较大风险	要求DCS画面至少30min内翻看一次，并对重要参数每小时抄一次表单
			参数调整不及时，导致越线	较大风险	开展人员培训，提高设备自动化水平
		物的不安全状态	调节阀犯卡	较大风险	设备维护消缺
			设备误跳	较大风险	设备维护消缺
			开关拒动	较大风险	设备维护消缺
		环境的不安全因素	环境温度低，管道冻裂	较大风险	加伴热带或加厚保温
			环境温度高，影响到变频器温度高、轴承温度高	较大风险	采取降温措施，或减负荷运行
			粉尘浓度大、环境潮湿	一般风险	设备维护消缺和环境治理
		管理的失误或缺失	消缺不及时，设备带“病”运行	较大风险	严格执行缺陷管理制度
			技术措施不完善，下达不及时	较大风险	及时下达技术措施并培训学习
			重大操作监护不到位	重大风险	严格执行重大操作人员到位制度
…	……		……	……	……

遇有重大风险变化时，班组应根据企业发布的运行风险预警，及时进行运行风险辨识评估，掌握运行操作风险防控措施。针对风险辨识出的问题，结合设备检修、技术改造等工作，积极采取设备改造、工艺改进、材料更新等手段消除设备、系统、环境存在的危险源，把风险控制在可接受的范围内。定期对运行巡检操作中风险管控工作的有效性进行管理评价，及时发现存在的问题并改进，实现风险管控工作的闭环管理，并建立完善本企业

运行操作风险数据库。

四、 隐患排查治理

加强设备隐患排查能够有效遏制事故的发生，是保证安全生产的重要手段之一。运行班组应结合常规工作、专项工作和监督检查活动对所辖区域和设备进行隐患排查，按照部门下发的隐患排查要求，对检查项目进行分解，责任落实到人，并如实记录隐患排查治理情况，形成档案文件做好存档。

1. 隐患排查的内容

(1) 规章制度及责任落实情况。班组安全生产责任制是否建立健全；年度安全生产目标及保障措施是否制定并落实；各项制度、规程贯彻执行情况，特种作业人员的考核培训和持证上岗情况，安全培训计划的制定与实施情况，应急救援体系及应急预案培训、演练情况，安全活动是否正常进行，安全信息是否能迅速传达到班组成员。

(2) 生产设备设施、工器具及劳动保护用品配备情况。电气设备的名称编号是否完整、准确，是否符合《火力发电企业生产安全设施配置》(DL/T 1123) 要求，有无误入带电间隔、误碰带电部位和误攀登带电设备的安全隐患；动力和照明配电箱、临时电源、电焊机等是否符合安全要求；生产及非生产电气设备接零或接地是否符合《电气装置安装工程接地装置施工及验收规范》(GB 50169—2016) 要求；生产现场安全标志及遮拦、梯台楼板、地面状况、照明设施等是否符合《火力发电企业生产安全设施配置》(DL/T 1123) 要求；转动设备的防护装置是否完善、合格；特种设备、消防设施、起重设施、车辆是否符合安全要求，是否按要求进行检查并在规定期限内检验合格；电气安全用具、电动工器具、安全带、防坠器、脚手架、移动梯台、起重工具等是否符合安全要求是否按规定期限检验；生产现场防粉尘、防毒、防噪声等劳动防护设施是否健全；员工劳动保护及防护用品是否配备并正确使用。

(3) 系统和设备中的缺陷治理情况。重点排查容易引起火灾、爆炸、中毒、触电、坠落、烫伤、撞击、卷轧、翻倒、高空落物等重大事故的危险因素和缺陷。

(4) 春、夏季安全大检查落实情况。生产现场防雷设施是否完善，厂房、控制室、配电室、仓库等是否漏雨，各建筑物门窗是否完好，落水管是否畅通无堵塞，电缆封堵是否完好，是否符合《火力发电厂与变电站设计防火标准》(GB 50229—2019) 要求；防鼠措施是否落实，消防设施、器材的配置是否符合要求，重点防火部位是否明确，标志是否齐全，厂房屋顶是否有杂物，建筑外化妆板、高空标志牌及设备、管道保温是否固定牢固，沿海地区企业抗台风措施是否落实，防汛物资准备情况，排水设施、沟道检查情况，室外电动机、控制柜、电源柜等电气设备防雨措施，石灰石堆料场（库）及石灰石粉仓防雨、防尘措施，生产现场负米和低洼地区防止雨水倒灌措施。

(5) 秋冬季安全大检查落实情况。氨站、氧气和乙炔气瓶存放点、油品库房等场所是否符合安全管理要求；消防设施、器材是否处于良好备用状态；防寒防冻物资储备情况，厂房门窗封闭及室内温度检查情况，室外设备、管道及表计的防冻措施，石灰石（粉）、石膏防冻措施，室外地面、楼梯、平台积冰情况，设备伴热系统及暖汽系统检查情况，运行设备冷却水、密封水管道防冻措施，长期停用系统、设备及取样管道的防冻措施等是否已落实到位。

（6）设备隐患专项检查落实情况。重要、主要设备运行情况，是否存在重大缺陷；电气预防性试验完成情况，继电保护、热工保护、自动装置和主要仪表检查情况，电气设备接地装置检查情况，防止电气误操作措施落实情况，防误闭锁装置运行情况，电热设备防雨、防潮、防过热、防尘措施，承压设备（部件）的安全阀和保护装置定检情况，技术监督工作执行情况等是否已落实到位；蓄电池和直流系统是否存在安全隐患；台账资料是否齐全。

（7）突发环境事件的隐患排查。

1）排查企业突发环境事件应急管理。是否按照规定开展以下相关活动：突发环境事件风险评估，确定风险等级情况，制定突发环境事件应急预案并备案情况，开展突发环境事件应急培训，如实记录培训情况，储备必要的环境应急装备和物资情况，公开突发环境事件应急预案及演练情况。

2）排查突发水环境事件风险防范措施。企业是否设置事故应急水池或事故存液池等各类应急池，是否将烟气治理设施运行中所产生的废水得当处置；正常情况下厂区内涉危险化学品或其他有毒有害物质的各个生产装置、罐区、装卸区、作业场所和危险废物贮存设施（场所）的排水管道（如围堰、防火堤、装卸区污水收集池）接入雨水或清净下水系统的阀（闸）是否关闭，通向应急池或废水处理系统的阀（闸）是否打开。

3）突发大气环境事件风险防控措施。涉及有毒有害大气污染物名录的企业是否在厂界建设针对有毒有害特征污染物的环境风险预警体系，涉有毒有害大气污染物名录的企业是否定期监测或委托监测有毒有害大气特征污染物，突发环境事件信息通报机制建立情况，是否能在突发环境事件发生后及时通报可能受到污染危害的单位和居民。

（8）当出现下列情况时，应当及时组织隐患排查。

1）出现不符合新颁布、修订的相关法律、法规、标准、产业政策等情况的。

2）企业突发环境事件风险物质发生重大变化导致突发环境事件风险等级发生变化的。

3）企业管理组织应急指挥体系机构、人员与职责发生重大变化的。

4）烟气治理设施中脱硫废水系统、除灰排水系统、氨区排水系统发生变化的。

5）企业周边大气和水环境风险受体发生变化的。

6）季节转换或发布气象灾害预警、地质地震灾害预报的。

7）敏感时期、重大节假日或重大活动前。

8）突发环境事件发生后或本地区其他同类企业发生突发环境事件的。

9）发生生产安全事故或自然灾害的。

2. 隐患排查的流程

班组应结合日常巡视、各级各类安全检查、专项督查、运行分析、安全性评价、检修预试、季节性检查等专项检查工作，全面开展隐患排查工作；发现隐患后，由班组长进行预评估和分级登记，建立事故隐患信息档案，并及时通知责任单位或部门进行治理；对于排查中发现的涉及运行班组的隐患应认真分析原因，制定整改措施计划并组织实施；整改措施计划应明确治理的目标和任务、采取的方法和措施、责任人员及完成时限等内容，未能按期消除的隐患，应分析原因，强化治理措施，动态跟踪直至彻底消除。

在重大隐患治理过程中，应当加强监测，采取有效的预防措施，制定应急预案，开展应急演练，实现重大隐患的可控、在控；在隐患治理排除前或者治理排除过程中无法保证安全的，应当停工停产或者停止运行存在隐患的设备设施，撤离人员。

隐患整改治理完成后，班组应及时报告有关情况，由所在部门申请验收；安全生产部组织对一般隐患治理结果进行验收，分管安全负责人组织对重大隐患治理结果进行验收；重大隐患治理应有书面验收报告，对已消除的隐患应销号。隐患排查登记表（模板）见表3-7，安全检查及隐患排查问题整改表（模板）见表3-8。

表 3-7　　隐患排查登记表（模板）

填表时间：

序号	隐患项目	隐患级别	责任单位（部门）	检查/评估人	整改措施方案	备注
1						
2						
3						

表 3-8　　安全检查及隐患排查问题整改表（模板）

填表时间：

序号	发现问题	整改措施	责任班组	责任人	计划完成时间	实际完成时间	验收人	备注
1								
2								
3								

五、 危险化学品与固体废物（危险废物）管理

危险化学品指具有毒害、腐蚀、爆炸、燃烧、助燃等性质，对人体、设施、环境具有危害的剧毒化学品和其他化学品。固体废物指在生产、生活和其他活动中产生的丧失原有利用价值或者虽未丧失利用价值但被抛弃或者放弃的固态、半固态和置于容器中的气态的物品、物质以及法律、行政法规规定纳入固体废物管理的物品、物质。危险废物指列入国家危险废物名录或者根据国家规定的危险废物鉴别标准和鉴别方法认定的具有危险特性的废物。危险化学品、固定废物及危险废物如不进行得当处置将会造成污染水体、污染天气、污染土壤、侵占土地、影响环境卫生等恶劣影响。

1. 危险化学品管理

烟气治理设施运行中通常涉及的危险化学品有脱硝使用的液氨、脱硫废水处理使用的

盐酸、液碱和化学分析所用的列入危险化学品的化学试剂等。运行班组负责接卸、存储和使用危险化学品，班组应参照《危险化学品目录》(2015年版)组织开展危险化学品辨识，编制危险化学品清单，根据清单收集、整理化学品安全技术说明书，并定期进行更新。班组应根据生产实际确定所有危险化学品的存储上限，编写危险化学品的需求计划。所有危险化学品的使用者掌握危险化学品的危害、个人防护方法及异常情况下的应急处理措施。危险化学品名录及管理要求见表3-9。

表3-9　　危险化学品名录及管理要求

序号	危险化学品名录	存储要求	管理措施
1	乙醇，乙醚，丙酮、乙炔、油漆、油品	未用完的危险化学品，应当日领出当日退库，不得在现场贮存	须设置明显的安全警示标识、安全告示、职业危害知牌和化学品安全技术说明书（material safety data sheet，MSDS）
2	有毒化学品	有毒化学品必须贮存在专用有毒品贮存柜内，柜子上应标明“有毒”等明显标志；有毒化学品应由药品保管员两人定期（一般为一个月）进行清点并更新清单台账	须设置明显的安全警示标识、安全告示、职业危害告知牌和MSDS；缺少或丢失要立即汇报
3	酸碱	保存于现场罐内	须设置明显的安全警示标识、安全告示、职业危害告知牌和MSDS
4	化验用瓶装盐酸、硫酸、硝酸、氢氧化钠等危险化学品	贮存于专用药品贮存间分类分专柜贮存	须设置明显的安全警示标识、安全告示、职业危害告知牌和MSDS
5	液氨	保存于现场罐内	液氨储罐区属于火灾危险性乙类场所与建筑物的防火间距应符合《建筑设计防火规范》(GB 50016—2014）要求；“须设置明显的安全警示标识、安全告示、职业危害告知牌和MSDS”

（1）危险化学品接卸。危险化学品到货后入库，运行人员和专业管理人员应共同验收，检查危险化学品的品名、包装、标签及危险标志的完好性，所有资料必须完整无误且危险化学品在有效期内；供应商提供的危险化学品，必须附相应的化学品安全技术说明书以及出厂质检报告。

危险化学品接卸作业应遵守安全管理制度、作业标准和操作规程，接卸前运行人员应检查接卸设备设施是否正常，检查危险化学品运输车辆外观及各部件是否正常，运行人员对危险化学品车辆驾驶人员是否进行风险告知及安全交底，接卸时是否严格执行操作票制度，一人操作，一人监护，接卸时除运行人员外，使用部门负责人及物资供应部门负责人应到场监督；运行接卸人员根据接卸的危险化学品种类，穿戴经检验合格的个人防护用品；接卸过程中，驾驶员、押运员和接卸人员应全程在场，接卸完成后做好危险化学品接卸登记表。危险化学品运输车辆安全检查记录见表3-10，危险化学品车辆驾驶人员风险告知及安全交底记录见表3-11，危险化学品接卸操作票（模板）见表3-12，危险化学品取样监督人员签到见表 3-13，危险化学品接卸登记表见表 3-14。

表 3-10　　危险化学品运输车辆安全检查记录

年　月　日　时　分

序号	检查内容	检查情况	备注
1	危险化学品运输车辆，排气管应安装阻火器		
2	危险化学品运输车辆应悬挂“危险品”标志		
3	危险化学品运输车辆和挂车是否备案，是否超过检验期限		
4	危险化学品运输车辆外观是否有严重变形、腐蚀及凹凸不平现象		
5	危险化学品运输车辆出酸口与软管连接是否牢固，是否备有软管与进酸管道连接用的卡箍，是否有防止移动的固定措施		
6	随车必须携带的文件和资料是否齐全包括：机动车驾驶执照；危险化学品运输证、押运员证；汽车罐车定期检验报告复印件等		
7	危险化学品运输车辆灭火器是否过期		
8	危险化学品运输车辆内是否配备个人防护用品，防护用品是否齐全一般有安全帽、防酸碱工作服、防酸碱手套、防酸碱眼镜、防酸碱面罩或防护面屏和防冻手套等；检查防护用品是否有出厂合格证；是否能良好使用		
9	危险化学品运输车辆的驾驶员、押运员是否坚守岗位		
10	危险化学品运输车辆的管道、阀门、安全附件是否正常无泄漏，接卸软管与卸酸泵进口连接是否用卡箍连接牢固		
11	危险化学品运输车辆是否超载		

运行　　值　　　　　　　　检查人：

表 3-11　　危险化学品车辆驾驶人员风险告知及安全交底记录

年　月　日　时　分

单位		工作内容	

交底内容：

(1) 严格遵守我公司各项安全管理制度，服从公司安全人员及运行人员管理。
(2) 驾驶人员必须具有“危险品运输证”“危险品押运证”，禁止无证运输、接卸。
(3) 驾驶人员接卸时戴好个人防护用品，按规定着装和戴安全帽。
(4) 运输车辆仪表指示正常，容器完好无泄漏，罐车检验日期在规定期限内。
(5) 运输车辆必须安装阻火器，释放静电托地带，配备消防器材，紧急切断装置正常。
(6) 进入药品接卸区域内严禁使用手机，携带火种，禁止抽烟。
(7) 必须有防止运输车辆接卸过程中有可能发生移动的有效措施。
(8) 严禁超装、混装，装载量不得超过其规定压力。
(9) 接卸过程中驾驶人员必须坚守岗位，严禁睡觉、离开现场。
(10) 在接卸等待期间，驾驶人员禁止长时间停留在接卸区域和车内，严禁玩手机、看报等。
(11) 接卸操作必须听从运行人员的指挥，禁止擅自操作。

交底人（运行人员）签字：

年　月　日

接受交底人	身份证号码	时间	电话

表 3-12 危险化学品接卸操作票（模板）

<table>
<tr><td colspan="3">××电厂机械操作票</td></tr>
<tr><td colspan="3">部门： 值别： 编号：</td></tr>
<tr><td colspan="3">1. 操作基本信息</td></tr>
<tr><td>操作任务：</td><td colspan="2">脱硫盐酸贮存罐卸酸操作</td></tr>
<tr><td colspan="3">作业风险等级：□高 □中 □低</td></tr>
<tr><td colspan="3">风险控制等级：□厂级 □车间级/场站级 □班组级</td></tr>
<tr><td colspan="2">2. 操作前准备工作（发令、接令、到岗）</td><td>确认（√）</td></tr>
<tr><td colspan="2">核实相关工作票已终结或押回，检查设备、系统运行方式、运行状态具备操作条件</td><td></td></tr>
<tr><td colspan="2">复诵操作指令确认无误</td><td></td></tr>
<tr><td colspan="2">根据操作任务风险等级通知相关人员到岗到位</td><td></td></tr>
<tr><td colspan="3">发令人： 监护人： 发令时间： 年 月 日 时 分</td></tr>
<tr><td colspan="3">生产保障管理人员到岗签字：</td></tr>
<tr><td colspan="3">安全监督管理人员到岗签字：</td></tr>
<tr><td colspan="3">3. 操作前风险评估（从人、机、环、管四方面开展风险辨识）</td></tr>
<tr><td>危害因素</td><td>预控措施</td><td>确认（√）</td></tr>
<tr><td>人员：不熟悉应急处置措施</td><td>安排熟悉本项工作的人员进行作业</td><td></td></tr>
<tr><td>管理：认真开展风险分析</td><td>做好作业前风险预控分析</td><td></td></tr>
<tr><td>环境：盐酸泄漏</td><td>（1）检查槽车外观完好，无泄漏。
（2）槽车司机证件齐全。
（3）车辆年检标识齐全</td><td></td></tr>
<tr><td>环境：孔洞沟道无盖板或防护栏杆不全</td><td>行走时注意脚下盖板完好，不准擅自进入隔离区</td><td></td></tr>
<tr><td>环境：对讲机信号不佳</td><td>保持对讲机信号良好、通话畅通</td><td></td></tr>
<tr><td>人员：不熟悉应急处置措施</td><td>安排熟悉本项工作的人员进行作业</td><td></td></tr>
<tr><td>人员：作业人员操作错误</td><td>严格按照操作票执行，严禁无票作业</td><td></td></tr>
<tr><td colspan="3">操作人：________ 监护人：________ 发令人：________</td></tr>
<tr><td>操作任务：</td><td colspan="2">脱硫盐酸贮存罐卸酸操作</td></tr>
<tr><td colspan="3">发令人（值班负责人）按照“操作前风险评估”、操作中“风险提示”、现场作业的防范措施落实等内容向操作人、监护人进行安全技术交底</td></tr>
<tr><td colspan="3">操作人： 监护人：</td></tr>
<tr><td colspan="3">4. 操作项目</td></tr>
<tr><td colspan="3">操作开始时间： 年 月 日 时 分</td></tr>
</table>

步序	操作项目	执行（√）	时间
1	接当班主值命令执行：脱硫盐酸贮存罐卸酸操作		
2	检查接卸区域的喷淋水系统应具备投入条件，目视正常		
3	检查接卸区域已做好隔离防护措施，防护用品齐全、能良好使用		
4	按照安全检查表对盐酸槽车逐项检查，允许合格槽车与管道连接		

续表

××电厂机械操作票

部门：　　　　　　　　　　值别：　　　　　　　　　　编号：

步序	操作项目	执行（V）	时间
5	检查槽车和卸盐酸泵之间的连接软管，确认接口间用卡箍连接安全牢靠		
6	运行人员检查现场无误后开始接卸		
7	开启盐酸贮存罐的进口门		
8	开启卸盐酸泵的进口门和出口门		
9	厂家人员开启盐酸槽车的出口门		
10	启动卸盐酸泵，开始接卸		
11	检查卸盐酸泵运行正常，管路、系统无泄漏，贮存罐液位上升		
12	接卸过程中，厂家人员和运行人员要坚守岗位、全程监护，不要在槽车和卸盐酸泵处长时间停留，定期检查后在隔离防护区域外进行监护		
13	厂家人工观察槽车内液位，低液位时已基本卸完		
14	停运卸盐酸泵		
15	厂家人员关闭盐酸槽车出口门		
16	关闭卸盐酸泵的进口门和出口门		
17	关闭盐酸贮存罐的进口门		
18	厂家人员断开软管与进口管的连接，手动排出管道内残存的酸液至塑料桶内回收，不允许对软管升压，带压排酸		
19	冲洗清扫散落地面上的酸液，并检查各阀门开关位置正确，系统管道正常，无泄漏		
20	接卸完毕，汇报当班主值		

5．操作中风险点管控

步序	风险等级	管控措施	管理人员见证签字

6．操作后风险管控情况评价

操作结束时间：　　　年　　　月　　　日　　　时　　　分

7．备注

操作人：________　　　　　　监护人：________　　　　　　发令人：________

表 3-13　　　　　　　　危险化学品取样监督人员签到

序号	时间	取样人	使用部门	采购部门	监督部门	备注

表 3-14 危险化学品接卸登记表

序号	危险化学品名称	接卸地点	车牌	日期/时间	接卸人	接卸监督人	初始液位（m）	终止液位（m）	净重或数量

（2）危险化学品的出入库管理。经检验合格的危险化学品入库应登记注明化学品名称、数量（应细化到“毫升”，不能用“瓶”代替）；危险化学品仓库保管员应填写危险化学品仓库出入库登记表；危险化学品必须按危险特性分类、分区定置存放。

现场贮存的液碱、液氨、酸碱等危险化学品出入库管理，由使用班组、人员按规定操作，并记录危险化学品使用台账（可参考表 3-15）；领用危险化学品必须经企业生产部门负责人审批，危险化学品的领用必须由该药品的申请人或指定的人员根据审核批准的领料单到仓库领用；领用毒性较强的有毒药品必须由两位药品保管人和申请人一同到仓库领用，并按规定放置有毒药品柜内；领用危险化学品时，应仔细检查将领用的危险化学品的名称、数量及规格，使之与物资计划表中申请的化学药品名称、数量及规格相对应，不得有误。

表 3-15 危险化学品使用台账（模板）

名称				型号规格		
序号	使用目的	使用时间	使用人	使用量	库存量	备注

（3）危险化学品的贮存。危险化学品（主要指工业盐酸、工业碱等）保存于现场罐内，根据其危险特性设置明显的安全警示标识、安全告示、职业危害告知牌和 MSDS；安全告示上应简要列明最大贮存限值及应急措施，腐蚀性危险化学品的贮存依据《腐蚀性商品储存养护技术条件》（GB 17915—2013）执行；化验用瓶装盐酸、硫酸、硝酸、氢氧化钠等危险化学品，应贮存于专用药品贮存间，分类分专柜贮存，根据其危险特性设置明显的安全警示标识、安全告示、职业危害告知牌和 MSDS 化学桶装及袋装危险化学品，每班记录用量和剩余库存量。

废水加药车间放置的氢氧化钙、氢氧化钠、消泡剂等药品必须设置专用库房，并有专人上锁管理，由运行班组负责管理；现场需配置洗眼器、消防器材、通风装置、个人防护用品存放柜等设施；运行班组应对现场配置洗眼器、消防器材、通风装置，对个人防护用品存放柜定期检查，发现问题立即整改。

化验室存放的化学品必须放置在专用柜内，并有专人上锁管理，运行班组、安全专业负责监督管理；化验室按要求必须配备洗眼器、通风装置、消防器材、个人防护用品（如护目镜、胶皮手套、防酸碱服、防毒口罩等）；化验人员每日必须对化学药品贮存数量、贮存容器外观、洗眼器、通风装置、化验用电器、消防器材、个人防护用品的配备按照检查标准进行检查，如发现问题应联系相关专业或班组进行整改。

（4）危险化学品的搬运。运行人员在搬运危险化学品时，必须清楚所搬运的化学品风险及其运输方法，搬运人员必须了解所运载的化学品的性质、危害特性、包装容器的使用特性和发生意外的应急措施，操作人员应根据危险性穿戴相应的防护用品。

搬运时应轻装、轻卸，严禁摔、碰、撞、击、拖、拉、倾倒和滚动；遇热、遇潮易引起燃烧、爆炸或产生有毒气体的危险化学品，搬运时应采取隔热、防潮措施；搬运危险化学品必须配备必要的应急处理器材和个人防护用品。

（5）危险化学品的使用。运行班组原则上需每月上报危险化学品使用计划，由企业物资管理部门负责采购；班组使用危险化学品时，必须有专业人员进行指导和监督；严禁泼洒、倾倒、滴漏，确保安全；若有可能泄漏，则安装泄漏探测装置和报警装置；危险化学品泄漏时，应及时处理，防止事故扩大；危险化学品直接存放在生产现场，生产需要时由运行人员直接取用，使用情况记录于《运行日志》中，操作按《运行规程》的规定执行。

危险化学品的变质料、废溶液、废渣和盛放容器应严格按照危险废物进行管理，严禁随意抛弃，避免因处理不当而发生污染或安全事故；使用易燃易爆、易挥发及强腐蚀的药品应在通风柜内进行操作，任何情况下严禁用明火加热有机溶剂；爆炸品、有毒品、强腐蚀性危险化学品使用多少，领用多少，保管人应根据实际使用量，与领用人一起称量，余下药品返回危险化学品库保存；易吸潮、分解或易分化的药品及易挥发的试剂，用毕后应立即密封；按标准配制的有关溶液应装在有塞的瓶中，受光照影响的应装在棕色瓶中，试剂瓶必须贴有专用标签，标签上应写明试剂名称、浓度、配制日期、配制人及有效期等，长期使用的试剂应涂蜡，并分组存放。

日常维护未使用完的少量清洗剂、稀释剂或油漆等危险品允许保管在班组仓库或专用危险品仓库；存放在班组仓库时应保存在专用铁柜内，班组保存的危险品数量不得超过规定限量。

危险化学品使用者应配备必要的个人防护用品，在使用现场配备应急处理设施，如工作服、鞋、帽、手套、防护眼镜、可供冲洗的清洗水源和医疗急救用品等；使用班组应对危险化学品的使用、消耗进行记录，回顾总结年度危险化学品的使用情况，尽可能减少使用量及贮存量，降低各项潜在风险；生产部门应对危险化学品管理全过程进行定期检查，并提出整改意见；禁止使用无标签或标签模糊不清的化学药品及化学试剂。

运行班组不得自行处置废弃危险化学品；严禁随意排放到地面、地下及任何水源，防止环境污染与生态破坏；没有标签或标签已模糊不清的化学品应查明其化学性质，在保证安全的情况下报废处理。

（6）危险化学品标识牌管理。危险化学品存放场所应设置“严禁烟火”“禁止吸烟”“注意通风”“必须戴防护口罩”等警示标志牌；安全专工应负责定期对标识牌进行检查，发现问题通知使用班组进行整改。危险化学品标识牌示例图见图 3-1。

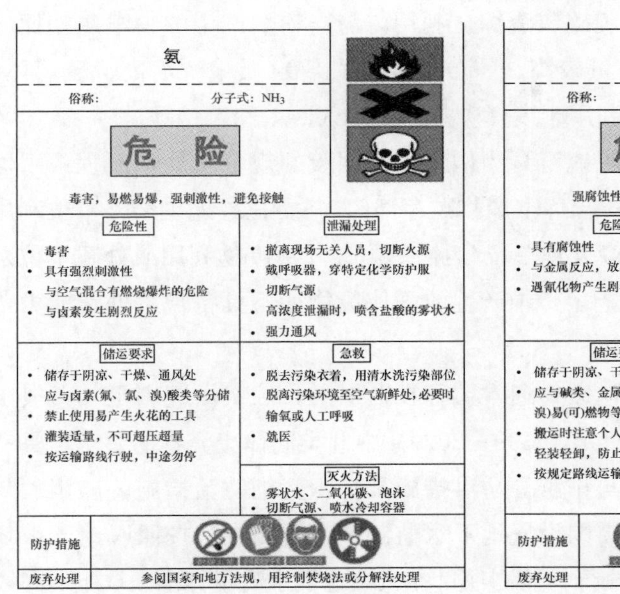

图 3-1 危险化学品标识牌示例图

2. 固体废物管理

烟气治理设施运行中通常涉及的固体废物包含粉煤灰、脱硫石膏、半干法脱硫灰渣、循环流化床锅炉炉内脱硫灰渣等。班组应按照《固体废物鉴别标准-通则》（GB 34330—2017）和《一般固体废物分类与代码》（GB/T 39198—2020）对烟气治理设施中的固体废物进行鉴别，并编制固废清单，烟气治理设施系统所产生的固废清单见表 3-16。

表 3-16 烟气治理设施系统所产生的固废清单

固体废物代码	固体废物种类	固体废物来源
411-001-61	无机废水污泥	电力生产过程中产生的无机废水污泥
462-001-62	有机废水污泥	污水处理及其再生利用过程产生的有机废水污泥
441-001-63	粉煤灰	指从煤燃烧后的烟气中收捕下来的细灰，是燃煤发电过程特别是燃煤电厂排出的主要固体废物
441-001-65	脱硫石膏	废气脱硫的湿式石灰石/石膏法工艺中，吸收剂与烟气中 SO_2 等反应后生成的副产物

（1）综合利用及处置技术。烟气治理设施中产生的固体废物应优先采用有利于资源化利用的处理方法，或采用适当的处置方法，避免二次污染。

1）粉煤灰综合利用技术。粉煤灰综合利用技术一般有回填、筑路、制作水泥、改良土壤、粉煤灰磨细加工技术、粉煤灰分级技术、利用高铝粉煤灰提炼硅铝合金技术等。

2）脱硫副产物综合利用及处置技术。脱硫石膏主要可用作水泥缓凝剂或制作石膏板，还可用于生产石膏粉料、石膏砌块、矿井回填材料及改良土壤等；半干法脱硫（包括烟气循环流化床脱硫）灰渣主要成分为 $CaSO_4$、$CaSO_3$ 等，具有强碱性和自硬性，主要可用于筑路和制砖；循环流化床锅炉炉内脱硫灰渣综合利用，与煤粉炉产生的粉煤灰相比，循环流化床锅炉炉内脱硫灰渣具有烧失量较高、CaO 含量高、SO_3 质量浓度高、玻璃体较少、具有一定的自硬性等特点，可综合利用于废弃矿井、采空区回填和筑路等。

（2）处置流程及注意事项。以脱硫石膏为例来说明固废的规范化处理流程：固体废物产生（产生部门）→入库暂存/贮存→出库（废物贮存部门）→委托或提供给外单位利用或处置（具有主体资格和技术能力的固废处理单位/运输单位、外部废物利用或处置单位）固体废物管理的五个阶段。烟气治理设施运行中产生的固体废物如不具备自主处置能力，可由电厂统一协调进行处置。

烟气治理设施运行中产生的固体废物通常贮存在贮灰场，贮灰场应满足《一般工业固体废物贮存和填埋污染控制标准》（GB 18599—2020）中Ⅱ类固体废弃物的要求，具有防止地下水污染的防渗措施、雨水收集与排涝等防洪措施及扬尘污染防治措施；停用贮灰场需进行覆土、绿化等生态恢复；灰场周围设置地下水监测井，监测方法按照《地下水环境监测技术规范》（HJ/T 164—2004）执行，监测项目参照《地下水质量标准》（GB/T 14848—2017），监测结果满足Ⅲ类地下水质标准。

3. 危险废物管理

烟气治理设施运行中通常涉及的危险废物包括过期的危险化学品、经鉴别为危险废物的污泥、实验室废液、废矿物油、废脱硝催化剂等。班组按照国家危险废物名录（2021 年版）的第二至第四条款可以鉴别出烟气治理设施系统所产生的危险废物清单，烟气治理设施系统所产生的危险废物清单见表 3-17。

表 3-17　烟气治理设施系统所产生的危险废物清单

序号	危险废物名称	危险类别	危险废物代码	危险特性
1	使用工业齿轮油进行机械设备润滑过程中产生的废润滑油	HW08 废矿物油和含矿物油废物	900-217-08	毒性 T；易燃性 I
2	液压设备维护、更换和拆解过程中产生的废液		900-218-08	毒性 T；易燃性 I
3	清洗金属零部件过程中产生的废弃煤油、柴油、汽油以及其他由石油和煤提炼的溶剂油		900-218-08	毒性 T；易燃性 I
4	废弃的黏合剂和密封剂（不包括水基型和热熔型黏合剂和密封剂）	HW13 有机树脂类废物	900-014-13	毒性 T
5	废弃镍镉电池、荧光粉和阴极射线管	HW49 其他废物	900-044-49	毒性 T
6	生产、研究、开发、教学、环境检测（监测）活动中，化学和生物实验室产生的含氰、氟、重金属无机废液、具有危险特性的残留样品，废酸、废碱重金属无机废液及无机废液处理产生的残渣		900-047-49	毒性 T/腐蚀性 C/易燃性 I/反应性 R
7	烟气脱硝过程中产生的废钒钛系催化剂	HW50 废催化剂	772-007-50	毒性 T

4. 处置流程及注意事项

危险废物产生（产生部门）→入库贮存（废物贮存部门）→出库（废物贮存部门）→委托具有资质单位进行处置。烟气治理设施运行中产生的危险废物也可由电厂统一协调进行处置。

企业应根据相关规定及要求做好危险废物的处置工作；在生产现场暂时贮存的危险化学品废弃物应存放在指定场所，并有防雨、防火、防泄漏措施，废弃的危险化学品应送交有危险废物经营许可证的单位进行处理；使用班组不得自行处置废弃危险化学品，严禁随意排放到地面、地下及任何水源，防止环境污染与生态破坏。

六、应急管理

生产运行过程中，班组应分析现场作业场所中存在的危险因素，确定事故危险源，分析可能发生的事故类型及后果，根据现场风险分析结果，按照相关规定编制应对各类事故应急处置程序、防控措施、专项应急预案和现场处置方案；班组成员应根据岗位职责和执行应急预案中预防准备阶段的计划和规定，了解应急预案中各类突发事件发生后的处置程序和方法。

1. 应急预案内容

按照《火电厂烟气治理设施运行管理技术规范》（HJ 2040—2014）要求，烟气治理设施运行专业应建立烟气治理设施的事故预防和应急预案，一般包括专项应急预案和现场处置方案。

专项应急预案包括但不限于环境污染事故专项预案（环境污染事故专项预案至少应包括危险化学品泄漏应急预案、大气污染物排放超标应急预案等）、高处坠落事故应急预案、物体打击事故应急预案、机械伤害事故应急预案、起重伤害事故应急预案、人员触电事故应急预案、有限空间中毒窒息事故应急预案、设备事故专项应急预案、防腐专项应急预案、火灾事故应急预案、防汛（防台）、地震等自然灾害应急预案。

现场处置方案包括但不限于突发事件总体应急预案，其中至少应包括煤质异常变化事故预案，脱硫、脱硝除尘、污泥掺烧系统异常事件处置方案，吸收塔防腐期间火灾处置方案，控制室、配电室、电缆夹层火灾事故处置方案，化验室危险化学品中毒处置方案，母线失电处置方案，供氨中断事故处置方案，烟气治理设施废水超标排放现场处置方案等其他现场处置方案。

2. 应急演练

班组应当结合安全生产和应急管理工作的实际情况制定年度应急预案演练计划，不断检验和完善应急预案，强化员工应急意识，提高应急队伍的反应速度和实战能力，并做好演练记录和总结。

应急演练按照演练内容分为综合演练和单项演练，按照演练形式分为现场演练和桌面演练，不同类型的演练可相互结合。应急演练的内容主要包括预警和报告、指挥和协调、应急通信、事故监测、警戒与管制、疏散和安置、医疗卫生、现场处置、社会沟通、后期处置。

开展应急演练前，应制定演练方案，明确演练目的、演练范围、演练步骤和保障措施等。根据演练方案对参加演练人员进行培训，做好培训记录，应急演练应以盲演方式进行，检验各级参演人员的应急能力；应急演练活动结束后，应将演练方案、评估方案、评估报告等文字资料，以及记录演练实施过程的相关图片、视频、音频资料、应急预案演练记录表归档保存并按要求上报。应急演练记录表见表 3-18。

表 3-18　应急演练记录表

公司名称：

开始： 年 月 日 时 分 结束： 年 月 日 时 分	
演练地点：	
参加人员：	
演练负责人：	监护人：
演练题目：	
演练经过：	
对参加人员的评价：	
讲评（包括存在问题及改进措施）：	
编制：	审批：

第二节　环境保护监督管理

火电厂应依据《排污单位自行监测技术指南　总则》（HJ 819—2017）和《电力环境保护技术监督导则》（DL/T 1050—2016）要求将在生产运行阶段产生的废水、气态污染物、噪声等环境质量影响因素纳入本企业的自行监测范围内，制定自行监测方案，设置和维护监测设施，开展监测工作，并做好监测质量管理和监测数据记录和保存。企业应根据自身条件和能力，利用自有人员、场所和设备开展自行监测；不具备执行监测的企业可委托有资质的第三方检（监）测机构代其开展自行监测。在烟气治理过程中既要对系统各项环保指标进行实时自动监测如二氧化硫浓度、烟尘浓度、氮氧化物浓度等，也要对脱硫系统中各项指标如浆液成分、浆液 pH 值、密度等进行自行检测，一方面是为了实时掌握环保指标排放情况，另一方面通过检测数据比对系统在线仪表的准确性，为运行人员进行分析比较、查找原因，提供依据，并采取相应运行调整措施，以保证系统处在最佳运行状态。

一、污染物排放管理

火电厂烟气治理企业必须严格按照国家标准和地方标准要求依法取得排污许可证，并在规定要求限值内排放。污染物排放监测按照《排污单位自行监测指南》相关规定执行，监测内容主要包括废气监测（含无组织废气监测）、废水监测、厂界环境噪声监测、周边环境质量影响监测、脱硫废水排放监测及其他污染物监测。

1. 烟气在线监测（continuous emission monitoring system，CEMS）

（1）CEMS 介绍。CEMS 指对固定污染源烟气排放的气态污染物和颗粒物进行浓度和排放总量连续监测并将信息实时传输到主管部门的装置，被称为“烟气自动监控系统”，亦称“烟气排放连续监测系统”或“烟气在线监测系统”。CEMS 是由颗粒物排放浓度监测子系统、气态污染物排放浓度监测子系统、烟气参数监测子系统、数据采集与处理子系统四个系统组成。CEMS 的主要作用是通过采样和非采样方式，测定烟气中颗粒物浓度、气态污染物浓度，同时测量烟气温度、烟气压力、烟气流速或流量、烟气含湿量（或输入烟气含湿量）、烟气氧量（或二氧化碳含量）等参数，计算烟气中污染物浓度和排放量；显示和打印各种参数、图表，并通过数据、图文传输系统传输至固定污染源监控系统。运行人员要根据 DCS 系统中烟气（CEMS）在线监测数据，及时对运行工况进行调整，确保污染物达标排放。

（2）烟气 CEMS 在线监测系统日常运行要求。为了能够保证 CEMS 测量数据的准确可靠，每天应对 CEMS 小室各设备的运行情况进行巡视和检查，包括小室内的温度、湿度情况，分析仪、数采仪是否有报警等，同时应配合专业人员查看历史数据和数据报表，及时发现和排除存在的异常，以此提高系统的可靠性。运行人员日常监盘时，要注意 CEMS 系统原、净烟气的自动零点校准是否正常进行（自动校准周期一般为 4～8h），以避免出现零点漂移，保证分析测量的准确性，并督促 CEMS 维护人员按照环保要求对烟气分析仪定期进行零点和量程标定。

（3）烟气 CEMS 在线比对监测。烟气 CEMS 在线比对监测指采用参比（易准）方法，与自动监测法在企业正常生产下实施同步采样分析，验证固定污染源烟气自动监测设备、监测结果准确性的监测行为。烟气 CEMS 在线比对监测主要是依据《污染源自动监测设备比对监测技术规定》（试行）、《固定源废气监测技术规范》（HJ/T 397—2007）、《固定污染源烟气（SO_2、NO_x、颗粒物）排放连续监测技术规范》（HJ 75—2017）、《固定污染源烟气（SO_2、NO_x、颗粒物）排放连续监测系统技术要求及检测方法》（HJ 76—2017）及相关技术要求开展比对监测工作，目的是监督考察安装调试、并经环保主管部门验收合格的烟尘和烟气 CEMS 日常监测分析的监测数据是否科学、有效，是否能够成为环保主管部门进行监督执法和排污收费等的主要依据。按要求企业每季度应委托第三方具有专业资格的检测单位开展一次烟气 CEMS 在线比对监测，每年开展一次在线表计量值溯源。

2. 脱硫废水监测

脱硫废水指石灰石-石膏湿法烟气脱硫系统在运行中排出的废水，按照 DL/T 5196 的规定，在有脱硫废水产生的火电厂，应单独设置脱硫废水处理系统。日常运行过程中未经处理的脱硫废水不应排入厂区公用排水系统，也不应采用稀释的方法降低污染物浓度后排放，更不应直接外排。在脱硫废水处理系统出口，依据《排污单位自行监测技术指南　火力发电及锅炉》（HJ 820—2017）第 5.2 条规定应将总汞、总镉、总铅、总砷、pH 和流量纳入监测控制项目，其中监测项目控制值或最高允许排放浓度值及周期见表 3-19。日常运行过程中，运行人员应根据废水检测指标进行加药调整，确保水质达标排放。

表 3-19　　脱硫废水处理系统出口监测项目和污染物最高允许排放浓度单位

序号	监测项目	单位	控制值或最高允许排放浓度值	监测周期
1	总汞	mg/L	0.05	一月一次
2	总镉	mg/L	0.1	一月一次
3	总砷	mg/L	0.5	一月一次
4	总铅	mg/L	1.0	一月一次
5	pH	—	6～9	一月一次

注　脱硫废水不外排的，监测频次可按季度执行。

3. 噪声监测

厂界内噪声监测点应参照《火电厂环境监测技术规范》（DL/T 414）设置及噪声排放值应符合《工业企业厂界环境噪声排放标准》（GB 12348—2008）和地方环保要求。按要求厂界环境噪声每季度至少开展一次昼夜监测，周边有敏感点的，应提高监测频次。

二、过程监测管理

1. 化验室管理

化验室管理指规范化验室工作流程，明确化验人员职责，提高化验人员的检测技能及综合素质。化验室管理的目的是保证化验室正常的工作秩序和分析数据的可靠性，及时准确地为公司生产、经营控制提供科学的分析数据，及早发现设备隐患，提高设备安全经济性。化验室管理包含的化验工作流程、取样管理、化验数据管理等应严格执行公司制定的化验操作规程及管理制度，确保化验工作流程规范、取样样品具有代表性和真实性、化验数据台账保存完整。

（1）化验室药品管理。化验室必须建立药品管理制度，化验人员应熟悉化学药品的性质，尤其是剧毒、易燃、易爆、易挥发、易制毒、有腐蚀性的药品，对所有药品应建立台账清单，实行“五双”制度，即“双人收发、双人运输、双人使用、双人双锁、双人记账”；化学试剂必须分类存放，随用随取，避免过多贮存，严禁与其他药品混放，领用、回收均应有记录。

1）日常使用管理。化验人员在取用有毒及腐蚀性药品时，应正确穿戴防护用具；用过的容器应清洗干净；废液应收集存放至废液箱，不得随意排放。所有装有药品的瓶子上应有相应的标签，标签上注明药品名称、浓度、配制日期、配置人、有效期等，严禁贴与药品不相符的标签，禁止使用没有标签或过期的药品。

管理人员应对化验室及化验流程定期进行检查，发现问题，及时整改，并做好检查记录；对药品的数量进行抽查清点，发现药品账物不符的，应及时查找药品下落，并在记录上做出说明。

2）验收管理。化验药品采购进厂后，化验人员应根据采购清单对药品名称、数量、质量进行验收，所有采购的药品必须具有合格证，缺少合格证的药品要不予验收。

3）报废管理。化验室药品已超过保质期或达不到试验所需条件的，应进行报废处理；填写报废申请单经部门经理审核，企业负责人审批同意后，方可报废处置；报废的药品的确认和处理必须要做好记录。

4）废液管理。化验过程中产生的含药废液、废碱，应交由有资质的单位安全处置，严禁随意处置。

（2）化验室仪器管理。化验室应配置温度、湿度仪，监测化验室温度、湿度满足分析仪器使用要求，各类仪器应定置摆放，做好防潮、防尘、防止药品飞溅等措施；严格遵守分析仪器的厂家使用说明书，不得随意改变操作步骤，以免影响分析结果；分析仪器必须建立设备台账，台账中对设备名称、规格、数量、出厂日期等要准确登记；分析仪器必须按校验周期进行校验，合格后方可使用，未经校验或过期未校验的分析仪器不准使用，所有仪器进行校验时均应做好记录，并归档保存。

（3）化验室安全管理。化验人员工作时应按规定穿戴防护用具。化验室应配置有自来水，除盐水，通风设备，消防器材，洗眼器，酸、碱伤害时中和用的急救溶液以及毛巾、肥皂等物品。无关人员不得擅自进入化验室或动用化验设备，外来人员参观化验室应经领导批准；下班前应检查化验室水、电、门、窗等，确保化验室安全。化验人员在化验过程中发生安全事故时应按照如下分类进行应急处置。普通伤口：先用生理盐水清洗伤口，再用医用胶布固定；烧烫伤：先用冷水冲洗至散热止痛，再用生理盐水擦拭，并紧急送至医院救治（注意事项：水泡不可自行刺破）；化学药物灼伤：先用大量清水冲洗（酸灼伤配合使用5%碳酸氢钠溶液清洗；碱灼伤配合使用2%酸醋溶液清洗），再用消毒纱布覆盖伤口，并紧急送至医院救治；化学性眼灼伤：立即拉开上眼皮，使化学物质随眼泪流出，并用大量清水或生理盐水反复冲洗，转动眼球，将结膜内的化学物质彻底清洗干净，清洗后应紧急送至医院救治。当化验室发生任何安全事故时，化验人员应积极采取应急措施，并及时汇报相关领导。

2. 理化分析管理

生产运行过程中，应对脱硫脱硝系统使用的脱硫剂、脱硝还原剂、过程关键工艺指标等通过物理或化学的手段进行监督监测分析。其中，理化分析项目脱硫系统应包括（不限于）：石灰石/石灰石粉、石灰石浆液、吸收塔浆液、吸收液供应罐（absorber feed tank，AFT）浆液、石膏、旋流器浆液、工艺/工业水、脱硫废水等；脱硝系统化验分析项目（不限于）应包括：液氨含量、尿素含水率等。化验人员应严格按照《石灰石及白云石化学分析方法 第1部分：氧化钙和氧化镁含量的测定 络合滴定法和火焰原子吸收光谱法》（GB/T 3286.1—2012）、《石灰石及白云石化学分析方法 第2部分：二氧化硅含量的测定 硅钼蓝分光光度法和高氯酸脱水重量法》（GB/T 3286.2—2012）、《石膏化学分析方法》（GB/T 5484—2012）、《化学试剂 标准滴定溶液的制备》（GB/T 601—2016）、《化学试剂 杂质测定用标准溶液的制备》（GB/T 602—2002）、《化学试剂 试验方法中所用制剂及制品的制备》（GB/T 603—2002）、《分析实验室用水规格和试验方法》（GB/T 6682—2008）、《火电厂排水水质分析方法》（DL/T 938—2005）及公司化验规程开展理化分析工作，并在理化分析完成后，填写理化分析报告，由运行专工和部门经理对报告数据进行审核，指导运行人员操作调整。理化分析项目、方法及频次可参考表3-20。

表3-20 脱硫/脱硝化验分析项目、方法及频次（可参考）

吸收塔及AFT浆液										
化验项目	pH	温度	密度	氯离子	亚硫酸钙	碳酸钙	二水硫酸钙	酸不溶物	上层清液密度	固含量
化验方法	便携式pH计（离子选择电极法）	便携式pH计带温度计测量	125ml试剂瓶标定体积后测量	硝酸银滴定	碘量法	氢氧化钠滴定（返滴定法）	高氯酸钡滴定	样品经盐酸和硝酸分解煮沸后，经过滤坩埚过滤称重（质量分析法）	125ml试剂瓶标定体积后测量	用G4玻璃过滤坩埚过滤
		温度计		电子滴定仪滴定	电子滴定仪滴定	电子滴定仪滴定				
化验频率	每天一次			每周至少一次						

石灰石						
化验项目	pH	水分	氧化钙	氧化镁	石灰石粒径	酸不溶物
化验方法	便携式pH计测量（离子选择电极法）	卤素水分分析仪	EDTA（即乙二胺四乙酸）滴定法		过筛	样品经盐酸和硝酸分解煮沸后，经过滤坩埚过滤称重（重量分析法）
		烘箱重量法				
化验频率	一批次化验一次					

续表

石灰石粉

化验项目	pH	水分	氧化钙	氧化镁	过筛率	酸不溶物
化验方法	便携式 pH 计测量	卤素水分分析仪 烘箱重量法	EDTA（即乙二胺四乙酸）滴定法		经过 325 目筛子过筛经过公式计算得到过筛率	样品经盐酸和硝酸分解煮沸后经过滤坩埚过滤称重（重量分析法）
化验频率	每车化验一次					

石灰石旋流器

化验项目	pH	溢流密度	溢流含固量	溢流过筛率	底流密度	底流固体含量
化验方法	便携式 pH 计测量	125ml 试剂瓶标定体积后测量	用 G4 玻璃过滤坩埚过滤法测量	用 325 目筛过滤	125ml 试剂瓶标定体积后测量	用 G4 玻璃过滤坩埚过滤
化验频率	每周至少一次					

石膏

化验项目	水分	氯离子	亚硫酸钙	碳酸钙	二水硫酸钙	酸不溶物
化验方法	卤素水分分析仪分析 干燥差减法	硝酸银滴定 电子滴定仪滴定	碘量法 电子滴定仪滴定	氢氧化钠滴定（返滴定法） 电子滴定仪滴定	高氯酸钡滴定	样品经盐酸和硝酸分解煮沸后，经过滤坩埚过滤称重（重量分析法）
化验频率	每周至少一次					

石膏旋流器

化验项目	底流密度	石膏旋流器底流固含量	溢流流固含量	固体含量	溢流密度
化验方法	125ml 试剂瓶标定体积后测量	用 G4 玻璃过滤坩埚过滤	用 G4 玻璃过滤坩埚过滤	用 G4 玻璃过滤坩埚过滤	125ml 试剂瓶标定体积后测量
化验频率	每周至少一次				

工艺/工业水

化验项目	pH	氯离子	温度	浊度	COD（化学需氧量）
化验方法	便携式 pH 计测量	硝酸银滴定 电子滴定仪滴	便携式 pH 计带温度计测量	浊度仪测量	用 D 试剂、E 试剂比色
化验频率	每月至少一次				

石灰石浆液

化验项目	pH	密度	粒度	固含量	温度
化验方法	便携式 pH 计测量	125ml 试剂瓶标定体积后测量	经过 325 目筛子过筛经过公式计算得到细度（水筛法）	用 G4 玻璃过滤坩埚过滤	便携式 pH 计带温度计测量
化验频率	每天一次				

废水旋流器

化验项目	溢流密度	溢流含固量	底流密度	固体含量
化验方法	125ml 试剂瓶标定体积后测量	用 G4 玻璃过滤坩埚过滤	125ml 试剂瓶标定体积后测量	用 G4 玻璃过滤坩埚过滤
化验频率	每周一次			

续表

<table>
<tr><td colspan="5">脱硫废水</td></tr>
<tr><td>化验项目</td><td>pH</td><td>氯离子</td><td>浊度</td><td>COD（化学需氧量）</td></tr>
<tr><td rowspan="3">化验方法</td><td rowspan="3">便携式 pH 计测量</td><td rowspan="3">硝酸银滴定</td><td rowspan="3">浊度仪</td><td>COD 测定仪</td></tr>
<tr><td>用 D 试剂、E 试剂比色</td></tr>
<tr><td>重铬酸钾法</td></tr>
<tr><td>化验频率</td><td colspan="4">每周一次</td></tr>
<tr><td colspan="5">脱硝</td></tr>
<tr><td>化验项目</td><td colspan="2">液氨含量</td><td colspan="2">尿素含水率</td></tr>
<tr><td>化验方法</td><td colspan="2">硫酸滴定</td><td colspan="2">烘箱干燥差减法</td></tr>
<tr><td>化验频率</td><td colspan="4">每车一次</td></tr>
</table>

3. 性能试验管理

新建、改（扩）建、技术改造前后和等级检修前后，应组织开展机组的性能试验工作。机组性能试验应委托第三方专业检测机构开展，检测机构应取得 CMA 计量认证资质。性能试验的目的：一是为取得机组在设计或保证条件下的各项经济指标，用以鉴定或考核机组整套装置的各项经济指标是否达到设计有关规定的要求，作为工程竣工验收和设备供货买卖双方经济结算的主要技术指标；二是为取得脱硫、脱硝、除尘装置大修前后机组性能和性能指标的变化量，用以检验和评定脱硫、脱硝、除尘装置的大修效果。

新建脱硫设备的性能试验应在脱硫设备整体试运行结束两个月后、六个月内的适当时间进行。在役脱硫设备的性能试验应在检修后运行半个月后进行。性能试验宜在设计工况持续七天以上、保持系统在稳定状态下进行。在性能试验时，锅炉和脱硫设备应稳定运行，每个测试工况锅炉负荷波动不宜超过 5%，脱硫设备的运行参数不应有大的改变，燃用的煤质、吸收剂的成分和活性、工艺水品质应符合设计要求，应将脱硫系统入口的烟气流量、温度、烟尘含量、SO_2 浓度等参数调整到设计工况，当运行工况偏离设计工况时，应用修正曲线对试验结果进行修正。

脱硫系统性能试验应参考《燃煤烟气脱硫设备性能测试方法》（GB/T 21508—2008）开展。其性能试验的主要项目有：烟气流量，SO_2 排放浓度，脱硫效率，烟尘排放浓度，除尘效率，原、净烟气压力、温度、湿度，吸收剂的主要成分和反应/消化速率，脱硫副产物的成分，烟气系统阻力，电能消耗量，水消耗量，吸收剂消耗量和钙硫摩尔比，负荷率变化范围，工作场所的粉尘浓度，设备噪声。选做的性能试验项目包括：除雾器出口烟气中浆液滴的含量（对湿法），SO_3 的脱除率，HF 的脱除率，HCl 的脱除率，外供压缩空气消耗量（如果有），蒸汽消耗量（如果有），脱硫外排废水的主要成分和质量流量（对湿法）。应根据性能测试的目的、具体的工艺、现场的测试条件选择相应的测试项目。

脱硝系统性能试验应参考《燃煤电厂烟气脱硝装置性能验收试验规范》（DL/T 260—2012）开展，其性能试验的主要项目有：脱硝效率、烟气 NO_x 质量浓度、氨逃逸浓度、

NH_3/NO_x 摩尔比、系统压力损失、SO_2/SO_3 转化率、氨消耗量、烟气流量、烟尘浓度和烟气温度。

电除尘器性能试验应参考《电除尘器 性能测试方法》（GB/T 13931—2017）开展，其性能试验的主要项目有：除尘效率、本体压力降测试、本体漏风率测试、电除尘器电耗。

性能试验结束后，检测单位应在规定时间内出具性能试验检测报告，报告内容应包括（不限于）：机组概况、试验目的、试验内容、试验方法、试验时测点布置、试验情况说明、试验结果、结论和分析以及附件等内容。

三、 环保技术监督管理

环保技术监督工作是企业贯彻国家环境保护法律、法规，履行环境保护职责与义务的重要措施之一，是烟气治理设施运行与管理工作的重要组成部分，贯穿于建设项目的（初）可行性研究、环境影响评价与环保设施的设计、选型、制造、基建、调试、验收、运行、检修及生产经营的各个环节的全过程。

环保技术监督的目的是以法律法规、标准、排污许可制为依据，以先进的环境监测及管理方法为手段，以火电厂发电燃料、原材料、水源、环保设施和污染物排放为对象，以达标排放与节能减排为目标，对环保设施（备）的健康水平及有关安全、稳定、经济运行的重要参数、性能、指标进行监督、检查、评价，以保证其在良好状态或允许范围内运行。

1. 烟气治理环保技术监督范围及主要指标

（1）监督范围。监督范围包括：污染物排放（烟尘、二氧化硫、氮氧化物、废水、无组织排放），发电燃料、相关原材料、水源，烟气治理设施，排水及处理设施，厂界环境噪声及治理设备，灰渣处理与综合利用设施，贮灰（渣）场，污染物在线监测系统等。

（2）主要指标。

1）大气污染物及其他污染物排放浓度、排放总量满足排污许可证的要求。

2）环境监测任务完成率：100%。

3）脱硫设施、除尘设施和废水处理设施投运率：100%；脱硝设施投运率：98%。

4）二氧化硫、氮氧化物和烟尘排放绩效达标。

5）湿法脱硫二氧化硫去除单耗达标。

6）氮氧化物去除单耗达标。

7）脱硫设施浆液中氯离子浓度达标。

8）灰、渣及脱硫石膏等固体废物综合利用率达标，固体废物、危险废物处置应满足国家相关法规的要求。

2. 主要监督内容

（1）燃料及原材料监督。燃料及原材料监督包括：对燃煤的硫分、灰分、挥发分、发热量进行监督；对脱硫工艺水来水、脱硫废水、湿除排水、氨区废水中的污染因子进行监督；对烟气脱硫的吸收剂和脱硝还原剂的品质进行监督。

（2）脱硫设施主要监督内容。脱硫设施主要监督内容包括：脱硫系统正常、稳定运行；脱硫设施投运率应达到100%；脱硫效率应达到设计保证值或调整值；二氧化硫排放浓度、排放总量满足排污许可证上载明的排放限值要求；石灰石浆液 pH 值、密度控制在合理范围，且在线表计显示准确；脱硫吸收剂品质（如：石灰石中氧化钙含量、活性、细度等）指标达到设计要求，脱硫石膏品质要求达到设计值；脱硫废水应有专门的处理设施，处理后的水质应满足《燃煤电厂石灰石-石膏湿法脱硫废水水质控制指标》（DL/T 997）的要求，处理过程中产生的污泥应按当地环保行政主管部门的要求进行安全处置。循环流化床脱硫系统需监督石灰石中氧化钙含量、活性、细度等指标。脱硫设备的检修按照《火力发电厂锅炉机组检修导则 第10部分：脱硫系统检修》（DL/T 748.10—2016）和《火电厂石灰石/石灰-石膏湿法烟气脱硫装置检修导则》（DL/T 341—2010）要求执行，并按照《燃煤烟气脱硫设备性能测试方法》（GB/T 21508—2018）及《固定污染源排气中颗粒物测定与气态污染物采样方法》（GB/T 16157—1997）进行性能测试。

（3）脱硝设施主要监督内容。脱硝设施主要监督内容包括：脱硝系统正常、稳定运行。脱硝效率应达到设计保证值或调整值；氮氧化物排放浓度、排放总量达到排污许可证上载明的排放标准；SO_2/SO_3 转化率与氨逃逸率达到设计值，并且不影响后续设备正常稳定运行；脱硝还原剂的品质、使用及验收应满足《液体无水氨》（GB/T 536—2017）、《尿素》（GB/T 2440—2017）等要求，监督控制指标不应满足设计要求；脱硝用还原剂采（拟）用液氨的贮存符合危险化学品处理有关规定，完善安全生产措施；脱硝催化剂应按照要求建立管理制度，新购催化剂安装前和投运后应定期开展质量和性能检测工作，检测内容和指标要求达到设计要求且不低于《蜂窝式烟气脱硝催化剂》（GB/T 31587—2015）或《平板式烟气脱硝催化剂》（GB/T 31584—2015）等相关标准，检测方法按《火电厂烟气脱硝催化剂检测技术规范》（DL/T 1286—2021）执行；属于危险废物的失效催化剂的处理需严格执行危险废物的相关管理制度，并依法向相关环境保护主管部门申报废催化剂的产生、贮存、转移和利用处置等情况。

（4）除尘设施（含湿式电除尘）监督。除尘设施（含湿式电除尘）监督包括：电除尘器各电场正常、稳定运行。除尘器的投运率应达到100%；除尘效率不应小于设计值或调整值；漏风率应满足电除尘的性能要求；烟尘排放浓度、排放总量满足排污许可证规定要求；新建、改造除尘器工程完工及机组大修前、后应进行除尘器性能试验，性能试验按照《电除尘器 性能测试方法》（GB/T 13931—2017）、《湿式除尘器性能测定方法》（GB/T 15187—2017）、《电袋复合除尘器性能测试方法》（GB/T 32154—2015）、《固定污染源排气中颗粒物测定与气态污染物采样方法》（GB/T 16157—1996）及《固定污染源废气 低浓度

颗粒物的测定 重量法》（HJ 836—2017）规定，各项性能应满足《水工建筑物水泥灌浆施工技术规范》（DL/T 5148—2021）、《电袋复合除尘器》（GB/T 27869—2011）指标要求。

（5）废水处理设施监督。废水处理设施监督包括：烟气治理设施运行中产生的废水一般包括冲渣废水、脱硫废水、氨区废水等经常性排水或非经常性排水；废水处理设施投运率应达到100%；处理效果达到设计要求，氨区废水氨氮较高、pH值稍高，且不连续产生，一般将氨区废水送入厂区酸碱废水处理系统进行中和处理后回用，确保回用率达标；火电厂各类废水经处理后必须实现“一水多用，梯级利用”、废水不外排。

（6）灰、渣、石膏等固体废物及贮灰场的主要监督内容。灰、渣、石膏等固体废物及贮灰场的主要监督内容包括：灰、渣综合利用设施（备）应运行正常。灰、渣、石膏固体废弃物综合利用率满足环保要求；贮灰场应满足《一般工业固体废物贮存和填埋污染控制标准》（GB 18599—2020）中Ⅱ类固体废弃物的要求，具有防止地下水污染的防渗措施、雨水收集与排涝等防洪措施及扬尘污染防治措施；停用贮灰场需进行覆土、绿化等生态恢复；灰场周围设置地下水监测井，监测方法按照《地下水环境监测技术规范》（HJ/T 164—2004）执行，监测项目参照《地下水质量标准》（GB/T 14848—2017），监测结果满足Ⅲ类地下水质标准；对废弃布袋滤料、废弃脱硝催化剂的回收处理和再生利用情况进行监督。对铅酸蓄电池、废油等危险废物的回收处置情况进行监督。

（7）烟气排放连续监测系统（CEMS）监督。烟气排放连续监测系统（CEMS）监督包括：按照《固定污染源烟气（SO_2、NO_x、颗粒物）排放连续监测技术规范》（HJ 75—2017）和《固定污染源烟气（SO_2、NO_x、颗粒物）排放连续监测技术要求及检测方法》（HJ 76—2017）要求安装烟气排放连续监测系统（CEMS）；配备率、准确率及投运率均达到100%；连续监测颗粒物、二氧化硫、氮氧化物浓度及烟气温度、烟气压力、流速或流量、烟气含水量含氧量等参数，且准确度满足《固定污染源烟气（SO_2、NO_x、颗粒物）排放连续监测技术规范》（HJ 75—2017）的要求；按照《固定污染源烟气（SO_2、NO_x、颗粒物）排放连续监测技术要求及检测方法》（HJ 76—2017）的要求，审核自动监测数据的准确性、数据缺失及异常情况。

（8）噪声治理设施（备）监督。噪声治理设施（备）监督包括：烟气治理设施主要噪声源为脱硫系统氧化风机、脱硫系统增压风机噪声，除灰系统的空气压缩机等，噪声水平一般控制在85～110dB（A）；氧化风机噪声治理一般采用加装隔声罩和室内布置，隔声量一般20dB（A）；增压风机噪声治理一般采用和锅炉送引风机相同的阳尼复合减振降噪措施，降噪量15～20dB（A）；利用隔声罩、管道外壳阻尼等技术降噪、消声；空气压缩机噪声治理一般采用加装隔声罩，隔声量可达25dB（A）以上。

3. 技术监督台账

烟气治理的环保技术监督工作应纳入电厂环保技术监督范畴，服从电厂环保技术监督管理，烟气治理环保技术监督网络、制度标准、仪器仪表、监督计划、监督过程、监督告警、培训持证、监督例会、工作报告以及考核奖惩等管理，应按照企业技术监督有关管理要求执行；环保技术监督应备有的技术文件及档案资料。

（1）规程、制度。规程、制度一般包括环保技术监督制度、规程、导则，企业环保技术监督组织机构和职责汇编，环保设施的运行维护与检修规程，自行监测方案、环保监测质量保证制度，精密仪器使用、维护、保养及检验制度。

（2）环保设备运行、检修、技术改造等技术档案。环保设备运行、检修、技术改造等技术档案包括废水处理设施的运行记录（运行时间、启停次数和运行累计时间等资料），除尘器（含湿除）的运行记录（供电区的启停时间和运行累计时间等资料，按月统计投运率），脱硫、脱硝设施的运行记录（启停时间和运行累计时间等资料，按月统计投运率），CEMS的运行记录（脱硫、脱硝设施进口与出口的颗粒物、二氧化硫、氮氧化物浓度、氧量、烟气流量等数据的记录，并保留1年以上的历史数据）及标定维护记录，脱硫、脱硝、CEMS等环保设施的停运申请报告及环保机构批复文件，大修前后除尘器、脱硫、脱硝设施的性能测试报告，脱硝催化剂的定期检测报告，各排放污染物的定期监测报告，环境突发性应急预案，环境污染事故预想和事故演练记录，本企业污染事故及异常的记录材料。

（3）环保原始档案。环保原始档案包括排污许可证，厂址附近地表水、灰场附近地下水的水文、水质资料，当地气象资料，环保设施（备）清册，污染防治设施（备）设计、安装、调试资料；厂址附近污染源调查、环境现状监测及评价资料，监测仪器设备使用说明书及校验证书，水、气、声、渣的产污点及排放源分布图，灰场地形图，厂区水、气、声、渣排放口监测布点图，全厂用水、排水系统流程图、水量平衡图，污水处理设备系统图。

第三节　节能工作标准化管理

节能指加强用能管理，采取技术上可行、经济上合理以及环境和社会可以承受的措施，从能源生产到消费的各个环节，降低消耗、减少损失和污染物排放、制止浪费，有效、合理地利用能源。

通过运行优化实现节能。这可以通过以下步骤实现：首先，根据系统运行状况，我们会将系统性能参数与设计值、行业先进值、同类型机组标杆值进行对比，以确定系统是否正常运行。其次，我们将开展性能试验并进行综合分析，以建立一整套科学、合理地运行调整方法和措施。这些方法和措施将会在保证系统的安全和环保的基础上，使系统始终保持最佳运行状态。最后，通过持续降低运行能耗，我们将实现节能的目标。

一、节能基础管理

运行专业应成立由主要负责人为节能工作第一责任人的节能降耗工作领导小组，加强领导，部署、协调、监督、检查、推动节能降耗工作；小组成员应加强能耗指标过程管理，根据本公司年度生产费用计划目标，逐月分解落实，在执行过程中做到闭环管理，及时控制偏差，确保年度目标的实现。

开展节能对标，通过与同类可比标杆企业、设计值、历史先进值对标检查本公司能耗指标状况；通过开展节能评价工作查找问题，及时制定整改措施，提高经济运行水平；开展全员、全过程、全要素节能管理。逐项分解、落实节能规划和计划，认真开展运行各值间小指标竞赛，以小指标保证大指标的完成。

节能降耗小组应制定能源计量数据报表格式，各值人员要规范能源统计方法，确保能源统计数据真实、准确、完整，及时报送有关节能统计报表和资料。

运行专业能源计量装置的配置和管理必须严格按国家行业和企业的有关办法和要求执行；能源计量装置的选型、精确度、测量范围和数量，应能满足能源定额管理、能耗考核、商务结算的需要，并做好能源计量器具的配备、使用、校验和维护工作，建立相应的设备档案台账。

运行专业应严格按照有关规定，严格区分生产用能和非生产用能，加强管理，节约使用；每月要统计、分析和考核厂用电率、脱硫脱硝剂耗率、水耗率等经济指标外，还应全面分析污染物排放浓度、氨逃逸率等专业指标。加强物料管理，做好脱硫脱硝剂等大宗原材料的计划、计量、验收、存储管理等工作，建立有效的监督机制。

二、运行优化管理

运行优化应坚持整体优化、协调有序、动态平衡和与时俱进的原则，注重运行调整；运行专业要梳理、总结历次启停及优化调整试验等取得的经验，对任何系统、设备、操作的优化工作，必须全面辨识对上、下游设备的匹配和影响，完善系统和设备的协调程度，始终保持最佳运行状态，实现系统性、整体性优化。

三、节电管理

禁止使用国家明令淘汰的高耗电设备，积极推广应用节电新技术、新工艺，对在用的高耗电设备应制定计划，逐步更换或改造；积极在浆液循环泵等高耗能的环保设施上推广应用永磁调速、变频、液力耦合、高效泵、双速电动机等节电技术。

运行专业应根据系统配置，积极探索机组长期低负荷运行时环保岛的最佳运行方式，尽可能降低耗电率，提高低负荷运行的经济性；通过对脱硫系统、脱硝系统、除尘系统等进行优化控制，降低厂用电率。

加强对生产附属设施用电管理，消除长明灯等浪费现象，养成良好节电习惯。

四、 节水管理

运行专业应开展系统水平衡控制优化，掌握脱硫系统进水和耗水现状，对用水方式进行优化，合理降低系统用水量，减少外排水量，提高用水效率；每月应统计取水量、用水量、排水量，找出影响水量平衡的主要因素，在运行方式优化的基础上制定节水方案；可在脱硫装置前安装烟气余热换热器等，加强余热回收，降低原烟气温度，减少水分蒸发量。

烟气治理工艺应优先采用节水设施和新的节水技术，利用外置冷源和新型直接换热设备实现烟气冷凝，获取大量洁净水作为环保装置系统补水；应积极投用废水零排放系统，合理控制浓缩倍率，实现脱硫废水的零排放。

现场冷却水量大的设备应尽量使用厂内闭式循环冷却水，泵类机封水等开式水应合理设置水量，并对排水进行回收利用。优先选用滤液水制浆，提高滤液水循环利用率，减少新鲜工艺水的使用。

评估烟羽消白系统、水膜除尘系统（DUC）、湿式电除尘系统对脱硫系统水平衡的影响，制定调整方案，缓解吸收塔水分消耗与冷凝水产生量的动态失衡。

五、 降低原材料消耗管理

烟囱出口 SO_2、NO_x 浓度在保持一定的波动余量前提下压红线运行，降低吸收剂耗量；加强石灰石、石膏品质监督分析，开展石灰石有效成分和活性等测定，提高石灰石纯度，提高石灰石粉细度，降低石膏中碳酸钙携带量，减少消耗和浪费。

采用电石渣、白泥等工业固废替代石灰石技术，实现碳酸盐矿石的替代，降低脱硫装置吸收剂的消耗，打造新型低碳、低物耗的环保装置；不具备完全替代条件的，可通过试验掺配造纸白泥、原水净化后的含钙污泥等，降低脱硫装置吸收剂的消耗。

推行脱硝精准喷氨技术，动态分析喷氨支管开度与出口分区 NO_x 浓度之间的权重关系，实时动态调节分区喷氨量，实现脱硝系统喷氨量随锅炉负荷变化快速调整、准确响应；优化脱硝装置烟气流场，进行喷氨量优化试验，并优化喷氨控制监测反馈系统，提高喷氨自动投入率，降低氨逃逸率。

六、 优化试验管理

运行专业应对设备的运行状况、主要运行参数进行分析，在确保安全的前提下，依据系统的现有条件，开展有针对性的优化试验工作，寻找最优运行方式和最佳的参数控制，为实现运行优化管理提供必要的依据。

定期进行浆液介质化验、皮带机真空严密性、皮带秤和地磅校验、pH 和密度计标定、石灰石和石膏品质测定等常规试验工作。

大修前后必须进行修前、修后试验和各种特殊项目的试验，为设备检修、改进和后评估提供依据。

定期开展能量平衡测试工作，包括电量、汽水、脱硫脱硝剂、副产物产量等平衡测试，并进行脱硫厂用电率、汽水耗率、脱硫脱硝剂单耗、石灰石-石膏产出比、钙硫比及其影响因素分析；对系统启停过程、浆液循环泵、氧化风机、制浆系统、脱水系统、脱硝流场分布等进行优化调整试验，制定各种工况下的优化运行方案。

定期开展节能分析，加强增压风机、循环泵、氧化风机、球磨机等主要设备的性能监测工作，对运行参数偏离设计现象，通过试验查找问题原因，提出定量分析报告；开展脱硫装置优化试验，在机组不同负荷工况下，对脱硫装置进、出口 SO_2 浓度进行测试，并根据测试结果优化浆液循环泵、氧化风机运行方式，合理调整浆液密度、浆液 pH 值。

定期开展统计分析、经验总结工作，通过经验积累，将优化结果卡片化，指导运行人员对系统运行方式做精益化调整，并使相应的运行优化措施做到细化、量化和固化，不断完善运行规程、标准操作票、定期工作标准等规章制度，实现运行优化的系统化、常态化、制度化、标准化。

七、 节能改造管理

运行专业应定期进行节能潜力分析，在深入开展运行方式优化调整工作的基础上，积极比选经济性最佳的节能先进技术和成熟经验进行节能技术改造，并对改造成效进行评价；掌握节能技术动态，有针对性地编制中长期节能技术改造规划，按年度计划实施。

节能技术改造与运行优化相辅相成，大修或技术改造后需对相关设备和系统运行情况进行优化，影响运行优化或在运行优化中发现的设备问题，应经过充分论证后，进行技术改造。

八、 节能评价

节能评价应采用专业自查评、专项查评相结合的形式，以自查评为主，专项评价为辅，形成查评、整改、复查、巩固的节能管理长效运转机制。

运行专业自查评每年开展一次，公司每两年组织一次专项查评，适时可根据工作需要组织专家组进行查评。节能评价应建立相对的评价标准，标准见表 3-21；专项查评应出具查评报告，对发现的问题进行分析，提出整改意见；运行专业应根据意见制定整改措施，专项查评报告应作为运行专业节能降耗提升办法的主要依据。

节能评价分为 A、B、C 三级，分级方法为：

A 级为，单项相对得分率不小于 90%。

B 级为，单项相对得分率小于或等于 75%，且小于 90%。

C 级为，单项相对得分率大于或等于 60%，且小于 75%。

表 3-21 节能评价评价标准

序号	评价指标	评价内容	评价方法	基础分	扣分标准	扣分	备注
1	节能管理			300			
1.1	管理体系（50）	（1）节能管理机构及节能责任制	检查专业节能管理文件，检查各级节能人员职责落实情况	10	未成立节能领导小组，扣10分；主要负责人未担任节能领导小组组长，扣3分；领导小组责任不明确，扣2分		
				10	未建立三级节能网，扣5分		
					未每年核定调整节能网成员，扣2分		
					三级节能网络未落实工作职责，扣3分		
				5	未设立节能管理责任人，扣3分		
					没有对节能管理责任人明确节能职责，扣2分		
		（2）节能管理相关法律法规、标准制度落实	检查留存的相关法律法规、标准制度以及落实情况	2	节能法律法规、标准制度等不全，缺一项扣1分		
				3	未结合本公司实际落实节能管理制度，扣3分		
		（3）节能管理活动	检查节能会议纪要等，检查节能活动开展情况	20	节能领导小组每月应召开节能分析例会（可与运行分析会或经济活动分析会合并召开），每缺少一次扣2分；会议内容不全面，扣1～5分		
					三级节能网未按规定开展定期活动，缺一次扣2分		
					节能管理未实现分析、落实执行、监督检查的闭环管理，视情况扣1～5分		
					每半年至少进行一次全面的节能活动总结，未及时总结，缺一次扣5分；总结不全面、重点不突出、薄弱环节缺乏针对性的措施等，扣2～4分		
					未每年进行节能自评价，扣5分		
1.2	节能规划（50）	（1）节能中长期规划	检查节能中长期规划	10	未制定节能中长期规划，扣10分		
				5	制定节能规划前，未对能耗状况进行全面分析，扣5分		
				5	未将能耗异常高的设备或系统列入节能规划，扣5分		
				5	节能规划没有逐年滚动完善或编制不规范，扣5分		

续表

序号	评价指标	评价内容	评价方法	基础分	扣分标准	扣分	备注
1.2	节能规划（50）	（2）节能年度计划	检查部门节能年度计划	5	未制定节能年度计划，扣5分		
				3	未对节能计划分解，扣3分		
				4	未完成计划，扣2～4分；对因故未完成的计划没有进行计划变更，扣4分		
		（3）指标计划	检查主要经济技术指标管理文件、记录等	5	缺少年度或月度经济综合指标计划，扣3分		
			检查节能、经济运行小指标管理文件、记录等	4	未按月度分解、下达小指标计划，扣4分		
			检查对标管理记录等	4	未建立对标指标体系，扣4分；缺少主要小指标，扣1～2分		
1.3	能耗指标统计（15）	能耗指标统计	检查能耗统计的相关原始记录、报表等	10	未建立能耗指标统计台账，扣10分		
				3	能耗指标统计不全面，扣1～3分		
				2	能耗指标未按上级有关部门要求，规范统计、及时上报，扣2分		
1.4	节能分析（35）	节能分析	检查运行分析、节能分析、经济活动分析、检修分析等例会的纪要、报告、总结等	5	节能分析内容不到位，扣1～3分		
				5	节能分析例会纪要、报告或记录等不齐全，缺一次扣1分		
				10	未对当前影响能耗的主要经济技术指标、能耗问题、设备系统节能潜力进行分析，扣10分；分析不全面，不深入，缺乏指导性，扣2～5分		
				10	未针对当前影响能耗的主要因素进行治理或制定完善措施，每项扣5分		
				5	未进行对标分析，并根据分析结果调整指标计划，扣5分		
1.5	节能改造（40）	设备治理和技术改造	检查设备检修、技术改造计划、可行性报告、改造方案立项报告、效益分析，总结验收报告等	10	无节能技术改造项目方案论证资料，每缺一项扣5分		
				5	节能技术改造后未进行效益分析，每项扣5分；效益分析不准确，扣3分		
				5	节能技术改造项目未达到预期效益目标，每项扣5分		
				20	未针对影响系统运行的重要缺陷或具有较大节能潜力的设备、系统制定治理或改造方案，每项扣5分		

续表

序号	评价指标	评价内容	评价方法	基础分	扣分标准	扣分	备注
1.6	性能试验（50）	性能试验项目及资料、运行优化措施	检查相关制度及标准，查阅试验报告、原始记录，仪器仪表校验记录、运行优化措施和试验记录等	10	大修及重大技术改造前后未开展性能试验，每缺一项扣5分		
				4	现场试验测点不齐全，不能满足试验要求，扣4分		
				10	未制定运行优化措施或实施细则，扣10分；措施或细则不完善，扣2～5分		
				20	未开展运行优化试验，每项扣4分；未将优化结果固化实施，每项扣5分		
				6	试验报告不规范或不全，每项扣2分		
1.7	节能奖惩（50）	（1）节能奖惩制度	检查节能奖惩制度、奖惩记录，现场了解奖惩情况	5	未制定节能奖惩制度或奖惩制度不能充分调动员工积极性，扣5分		
				10	未按制度实施奖惩，一次扣5分		
		（2）小指标竞赛	检查小指标竞赛管理办法，现查看统计记录，小指标竞赛奖金分配记录等	10	未制定小指标竞赛管理办法和实施细则，扣10分		
				10	未合理设置竞赛指标及权重，扣5分		
				6	未落实小指标竞赛奖惩，扣2分/次		
		（3）节能降耗合理化建议	检查合理化建议，检查节能合理化建议采纳和实施情况	5	未开展节能降耗合理化建议活动，扣5分		
				4	采纳的节能降耗合理化建议未列入计划进行实施，扣4分		
1.8	节能培训（10）	教育、培训工作	检查教育、培训计划和工作记录情况	2	没有开展形式多样的节能培训活动，扣5分		
				5	培训计划无节能降耗培训，扣5分		
				3	节能培训缺乏针对性、有效性，扣1～5分		
2	能源计量			180			
2.1	能源计量管理（35）	（1）能源计量管理制度	查阅计量管理制度、文件等	5	未建立能源计量管理体系，扣5分		
		（2）能源计量人员	查阅计量管理人员岗位职责，检查持证上岗情况	5	未明确能源计量管理人员职责，扣5分		
				5	热工、电测、化验人员无证上岗，每人扣1分		

续表

序号	评价指标	评价内容	评价方法	基础分	扣分标准	扣分	备注
2.1	能源计量管理（35）	（3）能源计量器具台账	查阅计量器具档案，计量器具使用情况	6	未建立能源计量器具档案，扣6分		
				4	计量器具无标识，扣2分；计量器具相关证书不完整，扣2分		
		（4）能源计量数据	检查能源计量数据台账	4	能耗原始数据台账不全，扣2分，数据准确性差，扣2分		
				2	法定计量单位使用有误，扣2分		
		（5）能源计量器具维护、使用	抽查维护使用情况，抽查记录、报表、技术报告等	4	计量器具使用过程中存在影响准确计量的缺陷，每项扣2分		
2.2	能源计量器具配备（45）	（1）能源计量器具配备原则	现场抽查能源计量器具配备情况	10	关口表计不能满足用能贸易结算的要求，扣10分		
				5	不能满足用能分类计量的要求，扣5分		
				5	不能满足生产现场计量的要求，扣5分		
		（2）能源计量器具配备率	检查电、水、气、汽、脱硫剂、脱硝剂等计量器具配备统计	4	配备率未统计，扣4分；较标准值降低1个百分点，每项扣2分		
		（3）用能单位计量器具的选型	检查计量器具表，现场检查安装及使用等情况	6	用能单位能源计量装置的选型、精确度等级、测量范围不符合要求，每个计量点扣2分		
		（4）能源计量器具检测过程管理	现场抽查能源计量器具过程管理的执行情况	15	不能满足计算和评价生产指标，每项扣5分		
2.3	能源计量器具检验（65）	（1）计量器具周期送检	查阅检定报告、现场抽查	10	属强制检定的计量器具，委外受检率100%，漏检1块表扣2分		
				5	用能单位内部标准计量器具送检率100%，漏检1块表扣1分		
		（2）计量器具受检合格率	检查检定计划、抽检计划、证书、报告等相关资料	5	能源计量器具无定期检定（校准）计划，扣5分		
				5	能源计量器具未按规定的检定周期进行检定，每项扣5分		
				6	在用能源计量器具存在影响准确计量检测的缺陷，每项扣2分		
				5	用能计量器具受检不合格未及时更换或主要在用表计显示不准确，每点扣2分		

续表

序号	评价指标	评价内容	评价方法	基础分	扣分标准	扣分	备注
2.3	能源计量器具检验（65）	（3）脱硫脱硝剂计量装置、实物校验装置	查阅校验记录、检定报告	5	计量装置或校验装置未按规定进行校验，扣5分		
				4	计量装置或校验装置校验不合格未及时处理好，每项扣2分		
		（4）皮带秤等计量、实物校验装置	检阅校验记录、检定报告	5	计量装置或校验装置未按规定进行校验，扣5分		
				4	计量装置或校验装置校验不合格未及时处理好，每项扣2分		
		（5）化验设备校验	检查校验记录、检定报告，现场检查等	6	分析天平等未计量仪器按规定进行标定、校验，每项扣3分		
				5	pH计未定期标定，每次扣1分		
2.4	能源计量检测（35）	电、石、汽、热、水等计量检测率	检查检测率统计资料、计量记录、现场抽查	20	电、石、汽、热、水等未计量，每项扣5分		
		能源计量数据过程管理	检查能源统计报表制度落实情况	10	未建立报表制度，扣10分；对能源计量数据的采集、统计、分析、追溯等过程未有效控制，扣5分		
			检查计量记录	5	能源计量数据不全、表格不规范，每项扣1分		
3	电耗			90			
3.1	电耗指标（40）	（1）厂用电率指标	检查统计报表	30	比设计值（对应硫份）每升高0.1%（绝对值），扣1分		
				10	比计划值每升高0.1%，扣5分；无计划值，扣5分		
3.2	电耗情况分析（50）	（2）节能潜力分析	检查节能总结分析报告	10	未进行节能潜力分析，扣10分		
				10	未提出降低耗电率措施，扣5～10分		
		（3）运行优化	检查运行优化方案、运行记录，现场检查	4	未根据进出口污染物浓度调整浆液循环泵运行方式，扣4分		
				4	未优化调整增压风机的运行方式，扣4分		
				4	未优化氧化风机运行方式，扣4分		
				4	未根据烟气换热器（gas gas heater，GGH）差压和除雾器的堵塞情况优化冲洗参数和方式，扣4分		
				4	未优化调整石灰石湿磨的运行方式，扣4分		
				4	未根据pH值优化调整运行方式，扣4分		
		（4）检修维护	查看检修记录、缺陷记录	2	系统存在漏风、漏真空，扣2分		
				2	存在结垢等原因造成系统阻力增大的缺陷未及时处理，扣2分		
				2	仪表数据不准确，扣2分		

续表

序号	评价指标	评价内容	评价方法	基础分	扣分标准	扣分	备注
4	水耗			50			
4.1	水耗指标	（1）脱除单位 SO_2 水耗率	检查统计报表，与年度下达指标计划对照	15	比年度下达值每升高 1kg/kg，扣 2 分		
4.2	水耗情况分析（35）	（2）水耗率计算	检查水耗率计算方法	3	统计方法不正确，扣 3 分		
		（3）节水潜力分析	检查统计资料、节水总结分析	8	未进行节水潜力分析，扣 6 分		
				6	未提出降低水耗措施，扣 4～6 分		
		（4）运行优化	检查运行记录、规章制度	5	未制订及落实节约用水实施细则及优化运行措施，扣 2～5 分		
				5	未开展水平衡测试，扣 5 分		
				5	系统水平衡失衡，扣 5 分		
		（5）检修维护	检查运行记录，缺陷记录	3	发生缺陷，造成用水系统集中放水或漏水，扣 3 分		
5	物耗			80			
5.1	物耗指标分析（30）	（1）脱除单位污染物脱硫脱硝剂耗率	检查统计报表，与去年同期值对照	20	同比每升高 0.1kg/kg，扣 5 分		
5.2	物耗情况分析（50）	（2）脱硫脱硝剂耗率计算	检查耗率计算方法	10	统计计算方法不正确，扣 5 分；低于理论值无分析说明，扣 10 分		
		（3）节物潜力分析	检查统计资料和总结分析	8	未进行节约物料潜力分析，扣 8 分		
				6	未提出降低物耗措施，扣 4～6 分		
		（4）运行优化	检查运行记录、规章制度	10	未按照脱硫系统运行优化导则开展优化工作，每项扣 2 分		
				3	未开展喷氨均匀性试验，扣 3 分		
				20	石灰石品质不合格，每次扣 1 分；石膏中碳酸钙含量超标，每次扣 1 分；氨逃逸浓度超设计值，每次扣 1 分		
		（5）检修维护	检查运行记录，缺陷记录	3	发生异常，造成抛浆，扣 3 分		

第四章　运行岗位标准化管理

第一节　运行值班管理

运行值班管理是对运行值班员职责权利的约定。企业应坚持“精确预想、精准监测、精细巡检、精诚协作”运行工作方针，严格执行规章制度，实行标准化、程序化、清单化、精细化运行管理模式，做到有章可循，有章必循，不断提高运行值班管理水平。本节主要从运行值班方式、运行交接班、运行监盘、值班调度、值班记录、值班纪律等几个方面进行了阐述。

一、运行值班方式

运行人员值班方式通常为倒班制，是电力生产或其他需要连续生产的行业所采取的一种值班方式，具有独特的作息时间和作息周期，不以星期为作息周期，不因节假日而休息。各企业由于定员不同，倒班方式执行不一，一般常见的有“五值三运转”“四值三运转”“三值两运转”等。

1. 五值三运转

“五值三运转”简称“五班三倒”，需配置五个值的人员，从工作地点角度看，每天有三个值上班，两个值休息，休息分为小休和大休，小休指上完中班后的一天，大休指上完夜班后的一天；每班为8h工作制，从每日零点计算，分为夜班、白班、中班，每值工作、休息按顺序轮换。从工作人员角度看，如一天白班、一天夜班、一天小休、一天中班，一天大休，5天一个循环周期。五班三倒排班（示例）见表4-1。

表4-1　五班三倒排班（示例）

日期	1	2	3	4	5	6	7	8	9	10
一值	夜	大休	中	小休	白	夜	大休	中	小休	白
二值	小休	白	夜	大休	中	小休	白	夜	大休	中
三值	白	夜	大休	中	小休	白	夜	大休	中	小休
四值	大休	中	小休	白	夜	大休	中	小休	白	夜
五值	中	小休	白	夜	大休	中	小休	白	夜	大休

2. 四值三运转

"四值三运转"简称"四班三倒"，需配置四个值的人员，从工作地点角度看，每天有三个值上班，一个值休息；每班为8h工作制，从每日零点计算，分为夜班、白班、中班；每值工作、休息按顺序轮换。从工作人员角度看，如两天白班、两天中班、两天夜班、两天休息，8天一个循环周期。四班三倒排班（示例）见表4-2。

表4-2 四班三倒排班（示例）

日期	1	2	3	4	5	6	7	8	9	10	11	12	13	14	15	16
一值	白	白	中	中	夜	夜	休	休	白	白	中	中	夜	夜	休	休
二值	中	中	夜	夜	休	休	白	白	中	中	夜	夜	休	休	白	白
三值	夜	夜	休	休	白	白	中	中	夜	夜	休	休	白	白	中	中
四值	休	休	白	白	中	中	夜	夜	休	休	白	白	中	中	夜	夜

3. 三值两运转

"三值两运转"简称"三班两倒"，需配置三个值人员，从工作地点角度看，每天有两个值上班，一个值休息；每班为12h工作制，分为白班和夜班；工作、休息按顺序轮换。从工作人员角度看，如两天白班、两天夜班、两天休息，6天一个循环周期。三班两倒排班（示例）见表4-3。

表4-3 三班两倒排班（示例）

日期	1	2	3	4	5	6	7	8	9	10	11	12
一值	白	白	夜	夜	休	休	白	白	夜	夜	休	休
二值	夜	夜	休	休	白	白	夜	夜	休	休	白	白
三值	休	休	白	白	夜	夜	休	休	白	白	夜	夜

二、交接班管理

运行交接班是为了保证生产过程的连续性，按照一定的流程对运行各岗位人员工作进行的移交和接替。运行交接班管理是为了规范运行值守交接班行为标准，使值班人员全面掌握生产设备运行方式及其状态，有针对性地提前做好事故预想及风险预测，做好防范措施，实现设备的安全、稳定、经济运行。

1. 交接班管理规定

（1）管理职责。企业负责制定运行交接班管理流程和工作标准，负责对运行交接班管理工作进行监督、检查和指导；生产部门负责明确运行交接班交接的时间、地点、程序，执行交接班工作管理流程，监督运行人员执行交接班工作标准，运行班组人员是交接班工作的具体执行者。

（2）管理要求。运行交接班应适应电力生产连续性的要求，保证运行值班人员转移过程中生产过程的有效延续；明确运行值班人员交接的时间、地点、程序以及交接双方职责；运行值班人员应按企业批准的轮值表进行，不迟到、早退，正点交接班；交接班人员须在值班日志上签字办理正式交接班手续，签字后运行工作的全部责任由接班人员负责；接班人员未到，交班人员应继续值班，并向运行班长、运行专工汇报，直到有人接班方可离岗。

事故处理和重大操作时，不进行交接班，接班人员应协助交班人员处理事故，事故处理告一段落时，经双方协商，运行专工同意后方可进行交接班；交班前 30min 和接班后 15min，原则上不安排重大操作，设备或设施正在进行启停或事故处理等情况除外；未经双方值班负责人和班长同意，未履行替换班手续，值班人员不得私自换班，替班者值班期间应担负该岗位全部责任；相关领导要定期或不定期参加运行交接班会，检查交接班执行情况，并提出要求及注意事项。

2. 交接班岗位工作标准

交接班岗位工作标准是为了实现整个交接班管理过程的协调，提高工作质量和工作效率，对工作岗位所制定的标准。交接班岗位工作标准是针对具体岗位制定，规定运行值班人员在交接班管理流程中的职责权限及各工作节点的定性要求。

运行各岗位交班工作标准见表 4-4，运行各岗位接班工作标准见表 4-5。

表 4-4　运行各岗位交班工作标准

序号	流程	工作节点	岗位分工			工作内容与要求
			班长	主值班员	副值班员	
1	交班准备	（1）交班检查			√	在交班前 1h，按照已划定区域和路线进行设备检查，确认所查设备系统运行正常
				√		在交班前 1h，对本岗位各系统画面、保护及自动装置等全面检查，确认设备运行方式合理、参数稳定
		（2）对当班期间各项工作情况的检查（即检查交班交代的内容）	√	√		1）检查“两票”（工作票、操作票）执行情况及其相关记录。 2）检查日常生产记录完善情况。 3）检查缺陷通知、录入、验收消缺情况。 4）检查设备运行方式、异常处理、保护投入、退出等情况。 5）做好下一班接班后 1h 内预计进行操作的准备工作及工作记录
		（3）记录传达指示、通知和要求	√	√		1）上级部门有关指示和文件要求。 2）车间通知
		（4）审核、完成上报的数据报表	√	√		审核、完成本岗位运行日志、报表

续表

序号	流程	工作节点	岗位分工			工作内容与要求
			班长	主值班员	副值班员	
1	交班准备	(5) 审查、完善自己在当班期间各项工作情况	√	√		1) 检查“两票”执行情况及其相关记录。 2) 检查日常生产记录完善情况。 3) 检查缺陷通知、录入、验收消缺情况。 4) 异常处理、保护投入、退出等记录情况
		(6) 工器具检查与整理			√	1) 钥匙：钥匙齐全、无损坏、位置对应，与《钥匙借用登记本》一致。 2) 操作工具：数量齐全、无损坏、位置对应，整洁可用。 3) 安全工器具：数量齐全、无损坏、位置对应，整洁可用
		(7) 技术资料检查与整理			√	1) 规程、系统图：数量齐全、无缺损、位置对应，干净整洁。 2) 技术措施、学习资料：无缺损、位置对应，干净整洁
		(8) 清理卫生工作			√	对值班室、休息室及其配备设施进行卫生清理
		(9) 检查汇报			√	向主值班员汇报检查情况
		(10) 听取所辖岗位汇报		√		在交班前 40min，听取本班情况与交班检查的汇报
		(11) 向值长汇报本班情况	√	√		在交班前 40min，向值长汇报本班情况
2	交班	对口交接	√	√	√	办理交班手续
3	班后会	(1) 清点人数	√	√		检查本班人员交班到位情况
		(2) 总结当班工作情况	√	√		1) 总结本班的工作任务完成情况和经验教训。 2) 总结本班值班纪律及各项规程制度执行情况。 3) 总结异常情况发生的经过、处理、原因及防范对策。 4) 肯定成绩，表扬工作中的好人好事，指出缺点错误，批评违章违纪，提出今后努力的方向
		(3) 布置会后工作	√	√		1) 若当班发生设备异常或安全事故，组织相关岗位人员参加异常、事故分析。 2) 下白班安全学习或培训
		(4) 听取班会后讲话			√	1) 听取班长（主值班员）班后会总结。 2) 服从会后安排
4	撤离现场	工作结束	√	√	√	整队离开工作现场

表 4-5　　运行各岗位接班工作标准

序号	流程	工作节点	岗位分工			工作内容及要求
			班长	主值班员	副值班员	
1	集合	集合	√	√	√	提前 30min 到达指定地点
2	接班准备	(1) 清点人数	√	√		检查本班人员到岗情况
		(2) 做好自身安全防护	√	√	√	检查自己服装、鞋帽符合《电力安全工作规程》规定
		(3) 检查人员身心健康	√	√		检查本班人员精神良好，情绪稳定，未饮酒和无影响工作的病症
		(4) 检查人员着装	√	√		检查本班人员服装、鞋帽符合《电力安全工作规程》规定
		(5) 依据人员情况，调配岗位	√			对未到岗和不适合上岗人员，进行调配补充，运行机组不得出现无人上岗情况
		(6) 安排工作	√	√		根据现场情况，交代检查注意事项
		(7) 带好检查器具	√	√	√	带好手电、钥匙、听针等检查器具
		(8) 听取安排		√	√	1) 服从岗位调配。 2) 根据现场情况，注意检查重点设备系统
3	接班检查	(1) 设备及系统检查	√	√	√	1) 按照已划定区域和路线进行设备检查。 2) 对发现的一般缺陷，接班后通知检修和录入缺陷系统。 3) 对发现的异常或缺陷隐患，立即通知班长（主值），联系上班人员采取措施，进行处理
		(2) 交代事项	√	√		1) 上班遗留的工作任务及注意事项。 2) 上级指示、命令与通知。 3) 工作计划、技术措施、布置的任务以及落实情况
		(3) 了解本机组生产情况	√	√	√	1) 浏览运行日志。 2) 翻阅画面，了解运行方式、主设备运行参数现状和变化情况。 3) 设备缺陷及消缺情况，运行采取的防范措施。 4) 设备检修安全措施布置情况及现场检修作业情况。 5) 保护投入、退出、自动装置运行和变化情况。 6) 发生的异常、事故原因及详细处理经过
		(4) 检查日常生产记录台账		√	√	检查日常生产记录台账:内容与实际一致，无缺损、位置对应，干净整洁

续表

序号	流程	工作节点	岗位分工			工作内容及要求
			班长	主值班员	副值班员	
3	接班检查	（5）检查工器具与技术资料			√	1）钥匙：钥匙齐全、无损坏、位置对应，与《钥匙借用登记本》一致。 2）工器具：数量齐全、无损坏、位置对应，整洁可用。 3）规程、系统图、技术资料：数量齐全、无缺损、位置对应，干净整洁
		（6）卫生情况检查			√	值班室、休息室及其配备设施：干净整洁，摆放整齐
		（7）听取副值班员汇报		√		收集本机组的汇报检查情况
		（8）检查汇报			√	向主值班员汇报检查情况
4	班前会	（1）听取主值班员汇报	√	√		1）设备运行、检修、备用情况、设备缺陷保护投入、退出情况。 2）工作票和安全措施的执行情况等
		（2）布置工作任务及注意事项	√	√		1）本班需要进行的定期工作。 2）待办工作票的安全措施执行和工作票办理。 3）落实重要缺陷及隐患防范措施和做好事故预想
		（3）传达指示、通知和要求	√	√		上级部门有关指示、文件要求和部门通知
		（4）听取班长（主值班员）安排		√	√	1）服从工作安排和工作注意事项。 2）认真听取值长传达的指示、通知和要求
5	接班	对口交接	√	√	√	符合接班条件，办理接班手续
6	接班汇报	（1）汇报本岗位情况	√	√		接班后15min内向值长汇报本岗位运行情况
		（2）听取值长工作安排	√	√		接受值长工作安排

3. 交接班流程

（1）交班前检查。交班人在交班前应根据各自职责范围，做好各项交班准备工作；当值各岗位人员对DCS盘面所有设备运行状态和参数进行全面检查，对就地重要设备和主要设备进行检查；做好本班应完成的各项维护工作和操作任务；交班前30min，确认当班的运行操作、定期工作、清洁卫生等工作已完成，运行台账、工器具、钥匙、通信用具、办公计算机、规程资料、图纸、报表等完整齐全；各项小指标已结算，确认具备交班条件。

（2）接班前检查。接班人员按规定时间到达现场，按岗位进行检查；值班员对现场设备进行检查，重点检查跑冒滴漏、异音、振动、温度超限等；主值、副值对现场重要设备、配电室、电子间等进行检查；接班人员查看操作画面，全面检查系统运行方式、参数等；

值班负责人全面掌握设备状态、人员状况、管理要求等；检查文明生产，清点工器具、钥匙、通信用具、打印机、办公计算机。

（3）岗位对口交接。岗位对口交接内容一般包括但不限于；系统（设备）的运行方式、启停、轮换、试验、保护投入、退出情况，设备异常、缺陷及采取的措施和注意事项，检修工作及其采取的安全措施，设备变更情况和检修交代事项；各种记录、报表及上级有关指示，工器具、钥匙及技术资料，辖区内的卫生情况，以及下班进行的工作；运行方式及设备运行状态，设备停、复役情况，保护、自动投入、退出情况；工作票办理情况，正在进行的检修作业及其注意事项，操作票执行情况，当班的工作任务；近期发生的不安全情况；专业技术措施及上级通知；上次交班至本次接班所进行的主要操作和缺陷隐患处理情况，目前存在的主要缺陷、隐患及控制措施等。

（4）班前会。运行班组对口交底结束后值班负责人组织召开班前会，班前会应严肃认真，按要求进行站班，各岗位汇报班前检查情况，包括设备系统存在的主要缺陷参数、参数异常、运行方式、保护投入、退出、接班检查中存在的问题等；值班负责人布置主要工作任务，交代安全注意事项，进行岗位人员安排和调整，传达专业技术措施及上级通知，值班负责人下令接班。

（5）签字交接。全体接班人员进入岗位，履行交接班签字手续，岗位无人接班时交班人员不得擅自离开工作岗位，无特殊情况，交接班应准时进行。

遇有以下情况原则上不进行交接班：当班时发生的异常处理不清及重大操作、事故处理未告一段落；岗位不对口、精神状态不好；设备状态不清楚，设备维护及定期试验未按规定执行；上级命令不明确，记录不全、不清；工作票措施不清，操作票正在执行；工作票终结后，安全措施无故未拆除；设备缺陷记录不清；岗位清扫不干净，工器具不齐全。

（6）班后会。运行班组交班完成后，交班值班负责人组织召开班后会，清点班组人数，各岗位人员汇报、总结当班期间主要工作，交班值班负责人对当班期间工作进行点评等。

（7）接班汇报。运行班组接班后，值班负责人在规定时间内向当班值长汇报，汇报内容包括重要设备和主要设备运行方式、需进行的主要操作、现存的主要缺陷等。

（8）交接班管理流程。运行交接班管理流程见表 4-6。

三、运行监盘管理

运行监盘管理是为规范运行人员监盘行为，提高监盘质量，避免由于监盘不到位造成异常现象发现不及时、运行参数调整滞后甚至发生事故，从而保障烟气治理设施的安全、稳定、经济运行。

1. 运行监盘的管理要求

运行管理人员应按规定深入现场检查，指导运行监盘工作；班组长对监盘纪律问题及

表 4-6　　　　运行交接班管理流程

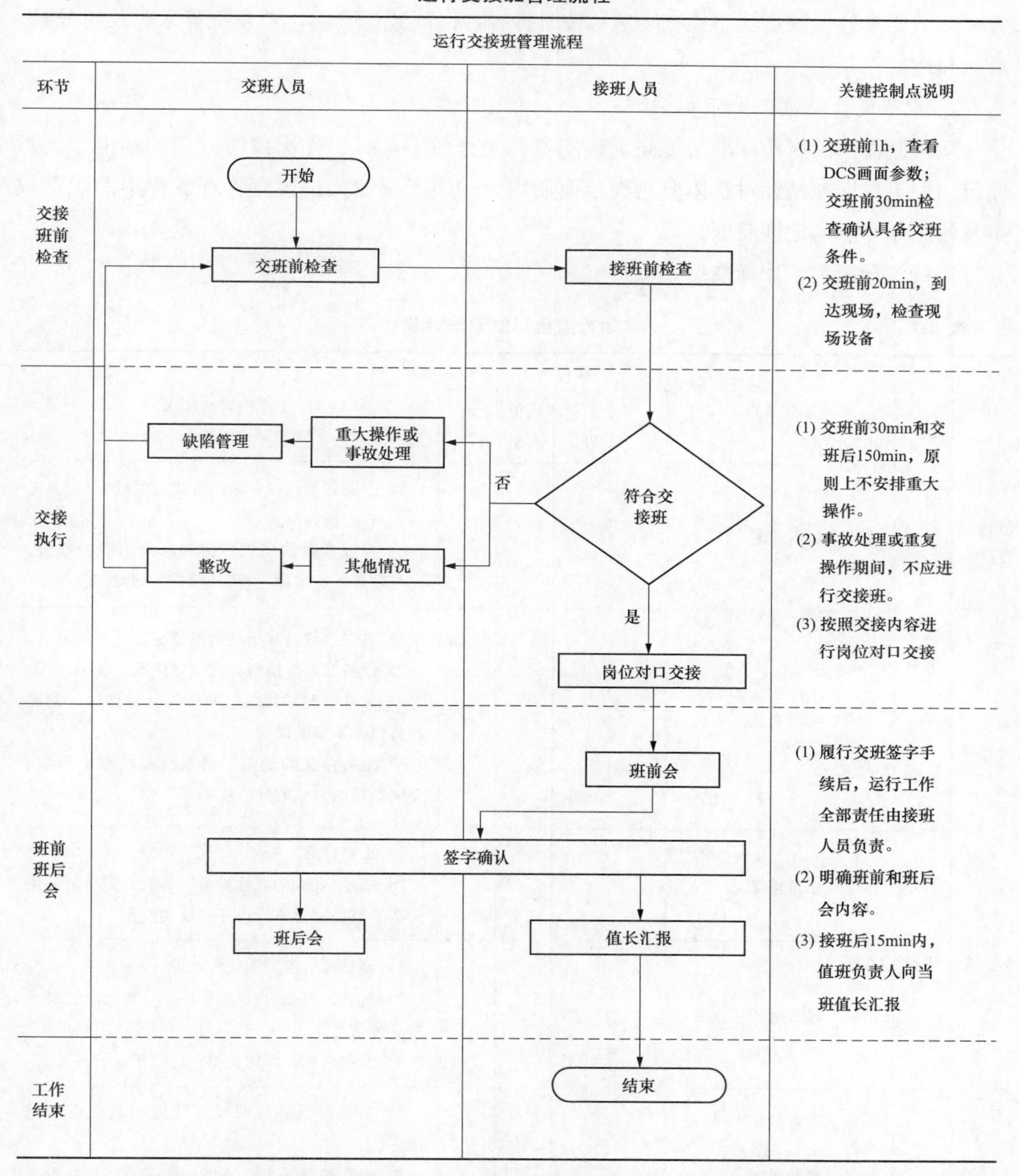

时批评和纠正，对发现的主要参数异常及时指导调整；没有监盘资质的运行人员学习监盘时，必须有专人监护和负责。

认真监视调整，分析参数变化，维持参数正常，发现异常要查明原因，并迅速处理；机组启停、异常处理时，应提高监护等级，必要时增加监盘人员或让技术熟练者监盘；机组停运后，系统运行或设备运转时，应有专人监盘；根据天气、运行方式及设备隐患等，做好事故预想与监视调整工作；监盘人员应不间断监视设备运行工况，按照规定时间对所有画面主要参数、设备状态检查一遍；按时抄表，保证数据真实，若发现异常，及时分析、对比和调整。

2. 运行监盘岗位工作标准

运行监盘岗位工作标准是提高工作质量和工作效率，对工作岗位所制定的标准。运行监盘岗位工作标准是针对具体监盘岗位而制定，规定了岗位人员监盘管理流程中的职责权限及各工作节点的定性要求。

运行监盘岗位工作标准见表4-7。

表4-7　　运行监盘岗位工作标准

序号	流程	工作节点	岗位分工				工作内容与要求
			值长	主值班员	副值班员	值班员	
1	监盘准备	（1）浏览画面			√	√	1）查阅各系统设备运行方式与参数。 2）查看报警信息。 3）发现参数偏离规定值和原因不明的报警，应与监盘人员沟通，查明原因、协助处理
		（2）听取交代			√	√	1）越限参数及其手动调整情况。 2）设备及系统运行方式变化情况。 3）异常情况的现象、原因、处理经过、发展趋势以及采取的措施。 4）设备存在的缺陷、对系统及机组的影响、发展趋势以及采取的措施
2	接盘	（1）正常接盘			√	√	1）正点接盘。 2）接盘5min内，除异常、事故外应尽量避免对各参数控制器进行快开、快关操作
		（2）异常时的接盘		√	√	√	1）监盘人员进行调整、处理。 2）接盘人员在班长指挥下协助处理，处理正常后再接盘 3）负责指挥、监护、协调，待正常后再接盘
3	监视	（1）参数监视			√	√	1）主要参数做成曲线连续监视其在正常范围内。 2）重点参数（主要辅机、缺陷设备、新投入设备等）。 3）其他设备参数至少每30min全部检查一次
		（2）报警监视			√	√	1）查看报警信息，分析报警内容，判断报警原因，进行处理，汇报处理。 2）确认故障消除后，复位报警

续表

序号	流程	工作节点	岗位分工				工作内容与要求
			值长	主值班员	副值班员	值班员	
3	监视	(3) 状态监视			√	√	1) 设备状态监视。 2) 自动控制方式监视。 3) 所有设备状态至少每30min全部检查一次。 4) 发现状态变化，应查明原因，进行处理，并汇报处理
4	调整	设备调整			√	√	按照规程执行
5	设备操作	(1) 启、停操作及试验		√	√		1) 监护副值班员按照规程和操作票进行设备的启、停 2) 对于重大操作进行监护 3) 按照运行规程和操作票执行设备的启、停
		(2) 异常处理	√	√	√	√	1) 负责指挥、协调、监护处理 2) 合理指挥副值班员和监护处理 3) 按照运行规程紧急处理，并汇报
6	巡盘	(1) 监盘纪律	√	√			1) 检查监盘人员坐姿端正，精力集中，目视画面，不做无关的事情，不得离盘。 2) 盘面清洁，不得放置其他物品
		(2) 盘前检查	√	√			1) 浏览机组主要参数和报警信息。 2) 检查指导。 3) 检查各系统控制方式和辅机运行方式
7	交盘	(1) 抄表			√	√	1) 整点前10min，在运行表单上填写设备及系统各参数。 2) 与前一点参数对比，对不明原因的参数变化，应查明原因，汇报班长。 3) 交班前检查确认“机组表单”所有参数，并签字
		(2) 交盘交代			√	√	1) 越限参数及其手动调整情况。 2) 设备及系统运行方式变化情况。 3) 异常情况的现象、原因、处理经过、发展趋势以及采取的措施。 4) 设备存在的缺陷的名称，对系统的影响、发展趋势以及采取的措施

3. 运行监盘注意事项

(1) 运行人员监盘“五项纪律”：一是认真监视、精心调整，严禁打盹、睡觉；二是没有监盘资质，不得独立监盘；三是轮流监盘，不得擅自离盘；四是监盘时不得携带手机等电子产品；五是监盘时不得做与工作无关的事情。

(2) 班中替换监盘：接盘时交盘人员与接盘人员共同监盘至少5min，与接盘人员交接清楚运行状态及监盘期间主要操作、注意事项等内容，确认运行无异常后方可下盘进行其他工作；共同监盘期间内的操作或设备出现异常情况应由交盘人员进行处理；吃饭时间交接盘同样执行以上规定，吃饭时间交接盘只进行一次，即吃完饭人员上盘就是正式上盘，不允许下盘吃完饭后再返回接盘。

(3) 交接盘的一般要求：接盘人员应浏览机组画面，了解运行方式、参数、设备状况及报警情况；交盘人员应主动交代设备运行情况、参数变化趋势和当前操作、调整内容及注意事项；遇重大操作、异常处理时，接盘人员应先协助处理，告一段落后再进行交接。

四、 运行操作要求

值班人员在进行参数、设备状态的调整操作时，应严格按照运行规程规定进行，确保各运行参数在规定范围内。原则上，在进行参数设定值调整时，应避免直接输入数值，可采用箭头方式调整，必须输入数值时，须确认无误后，方可输入。

监盘人员应熟悉DCS画面上各联锁逻辑的特点及功能和操作注意事项。严禁在无人监护的情况下进行不熟悉的操作，严禁擅自投入未经调试合格的联锁逻辑。不得随意解除联锁逻辑，因运行调整需要临时解除时，调整结束后应及时投入。将相关联锁逻辑投入自动前，须确认指令值与实际值的偏差满足要求，投入自动后，须观察自动调整正常，否则进行必要的手动调整。

值班人员不得擅自退出设备保护，如保护必须退出时，须经批准后执行，并采取有效的运行管控措施；值班人员在DCS画面操作时，不可同时点出多个操作窗口；操作前应认真核对机组、设备名称、设备编号，如需就地人员配合，应和就地人员做好联系，确认无误后方可操作；操作完成后应严密监视相关参数变化，发现异常应立即汇报并及时采取措施；值班人员就地操作应核对机组、设备名称、设备编号无误并得到监盘人员允许后方可操作，操作前要对周围的环境进行观察，发现异常立即停止操作并及时汇报。

电气倒闸操作和保护投入、退出必须两人执行，一人操作、一人监护，操作前必须认真核对设备名称及设备编号，操作中严格执行操作复诵、录像等要求；一组人员不得同时执行两项操作任务，操作过程中不得进行与操作任务无关的工作；危化品（如液氨、酸碱等）接卸时，接卸人员要正确使用安全防护用品，要熟知异常发生时的处置措施，值班人员要做好监护，检查安全防护措施执行到位。

重大操作前，值班人员应做好风险分析及预控，未进行操作风险辨识分析、无完善的安全/组织/技术措施、无操作方案、应急预案、应到位人员未到位的等情况不得进行重大操作；重大操作时，要严格执行操作监护制度，加强系统运行参数的监视及现场设备的巡查；重大操作完毕后，应对机组进行全面检查。重要辅机设备的启停、重要试验和重大操作必须得到值长同意。专业管理人员应执行《高风险作业清单及管理人员到岗标准》的规定，认真履行相应职责，做好操作过程中人员的操作监护和技术支持。

机组运行及启停期间应及时调整运行参数，确保环保设施、在线监测仪表按要求投入，保证烟尘、二氧化硫、氮氧化物等环保参数达标排放，避免环保事件的发生。

五、 异常处理要求

按照各企业的应急处置预案、典型事故应急处置卡，定期组织应急演练，不断提高运行人员事故应急处理能力；强化以主值为核心的生产指挥体系；发生异常时，应在主值统一指挥下，按规程规定或应急预案进行处理，同时按要求向上级汇报。

发生异常时，应按“保人身、保电网、保设备、保供热”的原则进行处理；当故障危及人身或设备安全时，值班员应迅速采取措施，解除对人身或设备的威胁；值班人员应认真核对DCS画面上的报警，根据设备参数变化、设备联动和报警提示等事故现象，判断故障发生的区域、故障性质、发展趋势及危害程度，并安排人员到现场确认，及时查找故障原因，并采取措施，尽可能恢复系统的正常运行；若故障原因不明或故障未消除，禁止将故障设备恢复运行。

值班员在处理故障时，应考虑操作对其他系统的影响，防止事故扩大；接到上级的操作命令后应复诵一遍，命令执行完毕后，应迅速向发令者汇报执行情况；事故处理中消除故障的每一个阶段，值班员都要尽可能迅速将自己所采取的措施汇报上级，以便准确判断，防止事故蔓延；对于不能彻底处理的缺陷，专业人员要根据处理结果和风险等级进行评估并制定临时技术措施。

异常处理完毕后，值班员应实事求是地记录异常发生的时间、现象、处理过程及过程中接受的命令、采取的措施、操作后的结果等，同时将有关参数、画面和故障记录收集备齐，以便故障分析。

六、 值班调度管理

值班调度管理是为了更好地协调调度工作，充分发挥调度、指挥、组织、协调职能，及时处理和解决生产过程中各环节存在的问题，烟气治理设施属于电厂辅助控制系统，应服从值长统一调度。

1. 运行调度管理要求

企业应建立以值长为中心的运行调度体系，运行调度实行“统一调度、分级管理”的原则。值长指挥所辖系统的运行，其他运行岗位在其操作权限内对系统设备进行监视、调整、操作。各级领导发布的运行调度命令，须通过值长发布下达，在夜间或紧急情况下值长代表生产主管领导行使生产指挥权；各级运行人员有权不服从严重危及安全、环保的调度命令；重大操作应及时记录，生产调度电话应具备录音功能，录音记录，按要求时限保存；机组正常启、停和发生非计划停运，应及时汇报相关负责人。

运行调度要求正确、快速、闭环：正确指发令人与受令人保证操作指令无偏差、操作步骤与操作方法无差错；快速指除违章指挥外，受令人必须执行发令人发布的调度指令，不得拖延；闭环指调度指令执行完毕后，立即向发令人汇报执行情况。

2. 生产人员到岗调度管理

企业生产各岗位人员发现各类突发事件或人身伤害事件以及设备的任何异常事件，应第一时间通知当班值长，由当班值长下达应急处置命令。

在异常事件处理过程中，运行专业当班值长是系统运行处理应急突发事件的第一指挥者，公司各级岗位人员必须服从值长统一调度，同时当班值长应将事件原因及当前处理结果向相关领导汇报；在应急处置过程中，运行专业当班值长有权调动公司所有资源，包括值班车辆、消防车等，并向公司相关岗位发布事件信息。

遇突发事件、有计划地环保装置投入、退出、机组修前修后相关试验等大型操作，各级管理人员接到值长通知，应立即赶到现场协助，在事件未结束前不得离开生产现场，必要时实行轮班制，确保专业有人员坚守现场进行工作协调；在整个事件执行与处理过程中，任何专业均不应干扰运行操作人员工作；各专业存在影响机组出力且正在处理中的缺陷，运行专工应全程跟踪消缺进度，检修专工与生产部门负责人应全程在场监督消缺进度、现场事故处理和大型操作，安全专工应对关键操作的安全性进行监督，但不得影响生产人员的正常操作和作业程序。

3. 运行调度命令内容

运行调度内容通常包括但不限于外部调度命令的下达，主要设备、辅助设备系统运行方式改变，突发事件指挥处理，重要辅助设备及系统停、复役，生产用油、气、热、水、电调度，其他需要紧急汇报的内容。

4. 调度命令下达与接收

与值长沟通、执行操作命令时，应使用具备录音功能的专用调度电话，第一时间报出专业和姓名，使用统一的调度术语和设备双重编号；向发令人汇报时通常冠以“汇报”，接受发令人的指令应全文复诵，一般语前冠以“重复指令”四个字，待发令人确认受令人复诵正确，方可生效执行；操作完成后，受令人立即向发令人回复操作完毕；接受命令以及与发令人的对话应全部录音，并对调度命令作书面记录。

七、 值班记录管理

运行值班记录是生产技术移交资料和运行人员交接班的主要依据，一般称为运行日志，内容主要包括设备的运行方式、运行操作、调度命令、定期工作、异常处理、设备缺陷、保护投入、退出、交代事项、通知要求、值班员姓名以及天气等。

1. 运行日志的管理

运行日志由值班人员填写，要求字迹工整、清晰、不得涂改、撕毁，保持记录本干净整洁；运行日志填写要真实客观、用词准确规范，内容完整清晰，言简意赅；运行日志要求本值内与各值间记录发生时间、事件经过及处理结果前后呼应；停备或检修期间应保持运行日志连续性，不得空白，如实记录所辖区域设备的方式、检修工作等情况。

运行各级管理人员应定时审阅运行日志的填写情况，对用词不当、故意隐瞒实情者，应及时纠正、批评考核；运行日志（电子文本）应按信息管理规定定期备份，归档处理，新投产机组两年内的运行日志应永久保存，不准销毁。

2. 值班记录管理中各岗位工作标准

值班记录管理中各岗位工作标准是为了实现整个运行日志管理过程的协调，提高工作质量和工作效率，对工作岗位所制定的标准。它是针对具体岗位而制定，规定人员在值班记录管理流程中的职责权限及各工作节点的定性要求。

值班记录管理中各岗位工作标准见表 4-8。

表 4-8　值班记录管理中各岗位工作标准

序号	流程	工作节点	岗位分工			工作内容及要求
			主值班员	副值班员	值班员	
1	接班情况	（1）所辖设备运行方式	√	√		1）主要系统的运行方式。 2）主要设备的运行方式
		（2）报表完成情况	√	√		1）大宗物资来料量、库存量。 2）来水量、制浆量
2	当班情况	（1）本岗位系统与设备工作情况	√	√		1）主要设备启停操作。 2）定期切换及试验情况。 3）检查设备的情况，以及发现的主要设备缺陷。 4）当班办理的工作票情况。 5）设备异常情况、原因、处理经过及防范措施，以及汇报领导、通知相关人员到场情况
		（2）记录传达指示、通知和要求	√	√		1）值长命令。 2）上级部门有关指示和文件要求。 3）部门通知
		（3）遇有恶劣天气	√	√	√	1）针对恶劣天气采取的防范措施。 2）大雪、大雾、暴雨、大风过后，检查发现缺陷情况

续表

序号	流程	工作节点	岗位分工			工作内容及要求
			主值班员	副值班员	值班员	
2	当班情况	(4) 巡回检查的情况		√	√	1) 记录各系统检查以及附属设施的检查情况。 2) 对发现的缺陷录入、通知、采取临时措施、验收、消缺工艺的情况
		(5) 本班日常生产记录		√	√	1) 运行记录表单。 2) 工作票登记、试验记录、巡检记录等工作记录。 3) 重点区域钥匙借用登记或进出登记等记录

八、 值班纪律管理

集控室内要保持安静整洁的环境，严禁吸烟、乱丢杂物或大声喧哗。监盘人员坐姿端正、认真监视、精心操作，保证机组安全经济运行；非当班人员，不得占坐集控室值班用椅，严禁席地而坐或倚靠盘台；任何与系统运行操作的无关人员，不得与监盘人员进行交谈；集控室内的电话不得用于非生产联系，不得长时间占用；集控室盘台桌面必须保持整洁，各种物品、记录定置摆放整齐，严禁在监盘期间办理工作票，办理工作票及消缺人员进入指定地点，严禁做与生产无关的事情。

非本公司人员进入集控室，必须由本公司有关人员陪同，并经当值长同意后方可进入，否则不得进入集控室；正常运行中，除当班值班人员外，其他人员不可触摸操作键盘、开关及按钮等设备，生产部门负责人、运行专工、热控专工可进行技术指导，严禁进行实际操作。

事故情况下除相关领导、技术人员及当班值班人员外，其他人员未经许可不得进入集控室；违反上述规定并不听劝告者，当值班长有权责令当事人立即离开集控室。

第二节 巡回检查管理

巡回检查指运行人员按规定时间间隔及巡检路线进行周期性的设备巡视检查、记录。目的是检查现场设备的运行情况，及时发现设备缺陷，排查设备隐患，保证设备安全稳定、经济运行，因此巡回检查管理是烟气治理设施运行管理的重要部分；同时，通过对运行数据的分析，可作为设备检修维护的重要参考依据。切实有效做好巡回检查工作，对烟气治理设施的安全稳定运行有着重要的意义。本节主要从巡回检查的管理要求、巡回检查岗位工作标准、巡回检查的内容、巡回检查的路线及周期、标准巡检卡的设计和使用、巡回检查流程等几个方面进行阐述。

一、巡回检查管理要求

1. 管理职责

企业负责制定设备巡回检查项目和标准，对设备巡回检查管理工作进行监督、检查和指导；生产管理部门负责制定巡回检查路线，明确检查项目、标准、周期，设备巡回检查过程的管理和检查，监督各级人员按规定开展巡回检查工作，组织对巡回检查中发现的设备缺陷进行处理；运行班组负责所辖设备的运行巡回检查工作，将巡回检查发现的问题联系检修人员处理并采取相应措施，同时做好缺陷登记工作。

2. 管理要求

运行专业应建立健全巡回检查制度，制定科学巡检路线，根据设备和工艺特点，编制巡检标准；各岗位的巡回检查，应合理安排，主要岗位人员避免同时外出；值班人员按标准巡检卡规定的时间、路线、项目进行全面或重点检查，巡检时应携带巡检工器具，通过眼看、耳听、手摸、鼻嗅、仪器测量等方式，全面掌握设备运行情况，并做好检查记录；除周期性巡回检查外，还应针对设备特点和运行方式情况、负荷情况、自然条件变化等，进行特殊巡回检查。

设备区域应设置巡回检查标准项目卡，包含电动机、减速机、泵、风机等技术规范信息，明确检查项目、指标范围、检查方法及要求；巡检点应进行定置管理，明确点检点和观察点的位置标识，记录点应标明上限值、下限值。

二、巡回检查岗位工作标准

运行巡回检查岗位工作标准是为了实现整个巡回检查管理过程的协调，提高工作质量和工作效率，是对工作岗位所制定的标准。它是针对具体岗位而制定，规定运行人员在缺陷巡回检查管理流程中的职责权限及各工作节点的定性要求。

运行各岗位巡回检查工作标准见表 4-9。

表 4-9　　运行各岗位巡回检查工作标准

序号	流程	工作节点	岗位分工			工作内容与要求
			班长	主值班员	副值班员	
1	巡检前准备	（1）布置安排	√	√		1）巡检员无特殊工作安排，按照《巡回检查制度》安排巡检。 2）根据实际情况，布置重点检查对象
		（2）了解设备状况	√	√	√	1）设备缺陷隐患和异常情况。 2）运行方式及负荷分配情况
		（3）交代注意事项	√	√		巡检前根据现场实际异常情况，提醒巡查员远离可能发生烧伤、辐射、坠落、触电、窒息及摔伤等场所，检查方法以及人身安全防护等注意事项

续表

序号	流程	工作节点	岗位分工			工作内容与要求
			班长	主值班员	副值班员	
1	巡检前准备	（4）风险分析	√	√	√	在巡检前根据现场情况认真填写员工人身安全风险分析预控记录（纸版或电子版），掌握必要的安全防范措施
		（5）准备工器具	√	√	√	根据巡检任务、就地实际环境等情况，准备好携带对讲机、手电、听针、测温仪、测振仪、钥匙以及自身防护用品
2	巡回检查	（1）正常巡检	√	√	√	1）各设备系统外观完整，无跑冒滴漏等现象。 2）通过看、听、嗅、摸、测等方法掌握设备运行状况及参数。 3）检查现场环境卫生状况良好，公用设备设施完好
		（2）特殊巡检	√	√	√	1）存在缺陷的系统、设备。 2）新投入运行的系统、设备。 3）大小修后处于试运行阶段的设备。 4）无备用的运行设备、系统。 5）极端天气巡检
3	巡检结束	（1）巡检情况汇报		√	√	1）汇报系统、设备的状态、参数变化情况及当前运行方式。 2）汇报发现的缺陷及其现象、名称和采取的措施。 3）遗留缺陷的发展趋势。 4）现场发现的人员违章或装置性违章。 5）暂时无法确定的缺陷象征、不明原因的设备参数及状态变化。 6）检修工作的进度、采取的安全措施情况。 7）现场文明生产情况、设施缺陷
		（2）工器具定置存放	√	√	√	将使用后的工器具、钥匙以及自身防护用品进行定置存放
		（3）信息录入	√	√	√	1）将缺陷录入缺陷管理系统，重大缺陷的发现及其后续处理录入值班日志。 2）记录相关检查台账
					√	3）将巡检设备相关数据进行记录和汇总

三、巡回检查内容

运行巡回检查的内容主要包括设备运行、备用是否正常，是否存在缺陷及缺陷发展趋势，运行设备参数指标是否正常，设备系统有无泄漏现象，电气设备是否过热、放电、冒烟等现象。

环境及其他设施巡检内容主要包括设备系统附件（管道介质流向、色环和设备标牌），现场安全防护设施、标志、建筑物、构筑物、道路及其他现场设施的完好情况，因季节、气象、缺陷、隐患等原因而采取的措施执行情况和设施的完好情况，雷雨、大风、汛期等天气，重点检查室外电动机和配电装置防雨情况；夏季大负荷高温天气时，应重点检查通风冷却设备及转动设备的轴承温度；冬季应重点检查设备保温、电伴热等防寒防冻设施以及积雪积冰情况。

重点检查的项目，包括但不限于：有缺陷的设备；设备检修后处于试运行阶段；新设备刚投入运行；特殊运行方式；无备用的运行设备；特殊运行时期（如：重大节日、活动保电，迎峰度夏等）；恶劣气象条件（如：大风、大雨、大雪、高温、严寒、潮湿等）。

特殊情况下，以下区域应暂时停止巡检，若必须进行巡检必须做好安全措施方可开展工作，包括但不限于下列情况：雷雨期间，室外高压带电区域；金属设备探伤区域；存在有毒有害气体的区域；正在吊装、起重的区域；发生高温、高压物质泄漏的危险区域。

四、巡回检查路线及周期

1. 巡回检查路线

运行专业应本着“巡检方便、路线最短、省时省力”原则，根据设备和工艺特点制定科学巡检路线。脱硫系统巡检路线示例如图 4-11 所示。

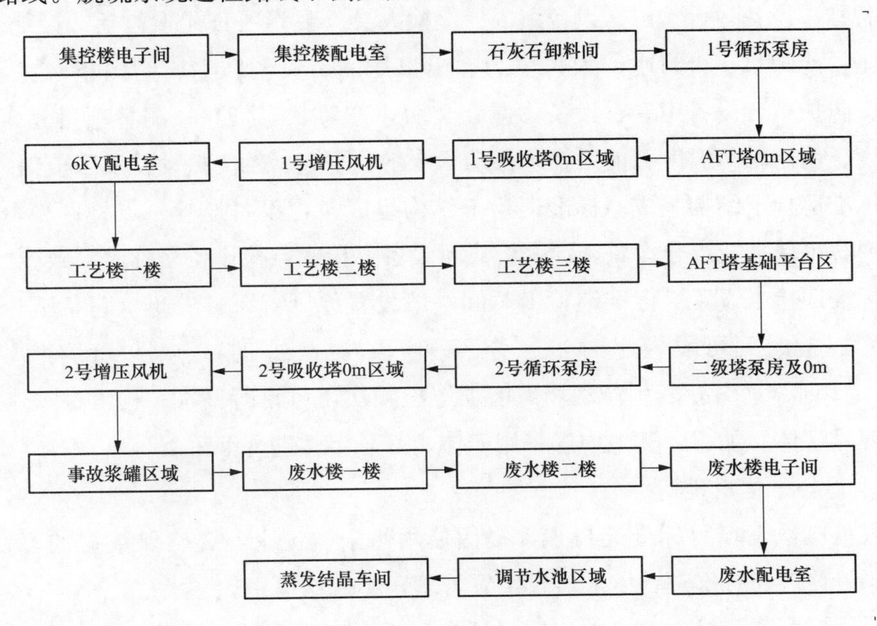

图 4-11 脱硫系统巡检路线示例

2. 巡回检查周期

管理人员巡查，企业生产负责人、生产部门负责人和各专工按规定路线、每天按规定实地巡查设备，并做好检查记录。

运行人员巡检按规定时间巡检并记录巡检卡，且每班按要求巡检、点检（点检必须在巡检基础上完成），并在巡检卡上签名或上传系统。接班1h内，进行第一点检查；接班4h后进行第二点检查；交班前2h，进行第三点检查。特殊情况增加巡检频次。

五、 标准巡检卡设计和使用

标准巡检卡是根据设备分布和工艺特点，按照特定组合方式和界面元素设计的设备点巡检记录卡片。原则上脱硫、脱硝、湿除、水膜除尘系统（DUC）、污泥干化、废水零排系统应单独建立标准巡检卡，并建立清单。

1. 标准巡检卡的设计

（1）标准巡检卡设备组合方式。标准巡检卡设备组合方式包括高压设备组合方式、低压设备组合方式和配电系统组合方式。其中，高压设备组合方式：原则上高压设备巡检卡应单独成册，不与所在区域的其他设备混列低压设备组合方式；原则上低压设备巡检卡应根据现场设备布置情况，按区域或系统设置；配电系统组合方式：配电室、电缆夹层、电子间、DPU间等配电系统设备巡检卡应单独设置，不应与其他设备巡检卡混列。

（2）标准巡检卡界面设计。标准巡检卡界面设计由基础信息元素、观察项目元素、测量项目元素三部分组成。其中，基础信息元素包括：巡检卡名称、抽查人、日期、巡检时间、设备名称、设备运行状态、设备组成、巡检人员；观察项目元素包括：接地线、油质、油位、油压、冷却水、机封水、入口压力、出口压力、设备转向、阀门指示、设备外观、地脚螺栓、防护罩、设备声音、设备渗漏、文明生产等状态信息；测量项目元素包括：设备本体温度、前后轴承温度、前后轴承振动（水平、垂直、轴向振动）及限值信息。

（3）标准巡检卡结构组成。标准巡检卡结构组成包含设备巡检、点检两部分；设备巡检、点检内容可单独或混合设置，混合设置时设备巡检和点检设备名称应一致。

（4）标准巡检卡设置。标准巡检卡时间一般设置原则：每日三班（包括五班三倒、四班三倒等）巡检时间可设为1时××分、5时××分、9时××分、13时××分、17时××分、21时××分，若生产现场需增加巡检频次，可自行增加；标准巡检卡名称可采用宋体、四号字体、加粗，其他内容采用宋体、六号字体进行编写。

2. 标准巡检卡使用说明

值班人员应认真填写标准巡检卡，提倡使用仿宋体记录，要确保数据的真实、准确，不进行涂画、修改；标准巡检卡应实行定置管理，不挪作他用。

巡检时间填写在巡检卡对应的位置，填写当天对应的日期，巡检人员根据实际巡检时间填写××分，以上时间为填写巡检卡的实际时间，原则上不得提前、延后。

巡检人员完成巡检作业后，应本人亲笔签名，不得代签、替签。巡检抽查的填写：抽查人员完成现场抽查后，应在抽查人项内本人亲笔签名，不得代签、替签。

当巡检人到达巡检点后，逐项开展检查并进行巡检项目的填写；观察项目符合标准的，在对应的观察项目元素项内打“√”，不符合标准的，在对应的观察项目元素项内打“×”；对应的测量项目元素项内填写具体数据，完成巡检作业后，将巡检卡放置在定置点。

企业可根据标准巡检卡设置原则，结合实际生产设备设立巡检卡，并建立清单。

标准巡检卡示例如图 4-2 所示。

公司××点巡检卡

抽检人				抽检时间																		年　月　日	
设备巡检		设备状态		电机	减速机				泵体			设备外观	地脚螺栓	防护罩	有无渗漏	设备转向	有无异音	入口压力	出口压力	阀门指示	文明生产	巡检人	备注
				接地线	油质	油位	油压	冷却水	油质	油位	机封水												
巡检时间	设备名称	运	备	紧固	良好	正常	正常	正常	良好	1/2–2/3	正常	完好	紧固	完好	无	正常	无	MPa	MPa	正常	良好		
5时××分																							
13时××分																							
21时××分																							

设备点检		设备状态		电机								减速机								本体								点检人
				前轴承				后轴承				高速端				低速端				前轴承				后轴承				
				温度	⊙	⊥	—	温度	⊙	⊥	—	温度	⊙	⊥	—	温度	⊙	⊥	—	温度	⊙	⊥	—	温度	⊙	⊥	—	
				℃	mm	mm	mm	℃	mm	mm	mm	℃	mm	mm	mm	℃	mm	mm	mm	℃	mm	mm	mm	℃	mm	mm	mm	
点检时间	设备名称	运	备																									
1时××分																												
9时××分																												
17时××分																												

图 4-2　标准巡检卡示例

六、巡回检查流程

1. 巡回检查准备

值班负责人应根据运行方式及负荷分配情况、设备缺陷隐患、异常天气等布置巡视重点，交代注意事项；巡检人员应熟悉检查重点，做到不离线、不漏项，全覆盖；巡检人员要做好个人防护，携带巡检工器具、通信设备；检查前开展人身风险分析与预控，规范填写《员工人身安全风险分析预控本》，掌握必要的安全防范措施。

2. 巡回检查过程

巡回检查必须严肃认真，按“七定”（内容可参考表 4-10）要求进行巡回检查，对路线中的设备系统等按照巡检项目与标准进行检查，防止走过场或遗漏项目；重要设备可制定巡检看点（浆液循环泵巡检看点示例见表 4-11）；停运系统的运行设备及各备用设备必须按正常规定要求进行巡回检查；巡检过程中遇有疑问时，立即汇报值班负责人，不得随意操作设备。

巡检过程中发现人员违章应及时纠正或制止，发现装置性违章应及时汇报，并联系处理；发现异常情况和设备缺陷，应及时向值班负责人汇报；发现重大缺陷或隐患，应逐级汇报，并采取加强设备监视、将设备转备用等必要的紧急措施，按规定登记缺陷，联系和督促检修消除。

表 4-10　　设备巡回检查“七定”

<table>
<tr><th colspan="7">设备巡回检查“七定”</th></tr>
<tr><th>定人</th><th>定点</th><th>定时</th><th>定标准</th><th>定方法</th><th>定路线</th><th>定记录</th></tr>
<tr><td>主值班员</td><td>重要设备及薄弱环节的主要设备</td><td>每班一次</td><td rowspan="4">见《标准巡检卡使用指南》</td><td rowspan="4">（1）看：看各种表计指示，看设备外貌。
（2）听：使用听针检查转动机械及承压部件是否有异常声音。
（3）闻：设备是否有焦煳味、油烟味等。
（4）摸：允许用手触摸的设备，如轴瓦、电动机外壳等需要用手感来测试温度的设备。
（5）测：用仪表测量各项参数。
（6）验：如油位计、水位计校对</td><td rowspan="4">企业应按照巡检卡使用指南，结合设备分布和工艺特点，规划巡回检查路线，做到不离线、不漏项、全覆盖</td><td rowspan="4">（1）在运行日志上记录检查情况。
（2）将发现的缺陷录入缺陷管理系统。
（3）重大缺陷的发现及其后续处理情况。
（4）上传巡检记录或记录相关检查台账</td></tr>
<tr><td>副值班员</td><td>区域内所有设备及系统</td><td>每班一次</td></tr>
<tr><td rowspan="2">值班员</td><td>区域内所有设备及系统</td><td>每 4h 一次点巡检</td></tr>
<tr><td>薄弱环节的设备及系统</td><td>每 1h 一次</td></tr>
</table>

表 4-11　　浆液循环泵巡检看点示例

<table>
<tr><td rowspan="13">浆液循环泵技术规范</td><td>循环泵编号</td><td>1 号机-1</td><td>1 号机-2</td><td>1 号机-3</td><td>1 号机-4</td></tr>
<tr><td>泵体型号</td><td></td><td></td><td></td><td></td></tr>
<tr><td>减速机型号</td><td></td><td></td><td></td><td></td></tr>
<tr><td>电动机型号</td><td></td><td></td><td></td><td></td></tr>
<tr><td>电压（kV）</td><td></td><td></td><td></td><td></td></tr>
<tr><td>电流（A）</td><td></td><td></td><td></td><td></td></tr>
<tr><td>功率（kW）</td><td></td><td></td><td></td><td></td></tr>
<tr><td>流量（m^3/h）</td><td></td><td></td><td></td><td></td></tr>
<tr><td>扬程（m）</td><td></td><td></td><td></td><td></td></tr>
<tr><td>电动机转速（r/min）</td><td></td><td></td><td></td><td></td></tr>
<tr><td>泵体转速（r/min）</td><td></td><td></td><td></td><td></td></tr>
<tr><td>减速机传动比</td><td></td><td></td><td></td><td></td></tr>
<tr><td>减速机转速（r/min）</td><td></td><td></td><td></td><td></td></tr>
</table>

续表

浆液循环泵巡检要点	（1）设备周围清洁无杂物，各保护罩完好，所有地脚螺栓均无松动、无缺失。 （2）泵体、电动机、联轴器处无明显异音、振动。 （3）机械密封水量适中，机封水出口压力为0.2～0.3MPa，出水口通畅，出水水质无明显浑浊。 （4）冷却水流量、压力正常，冷却效果良好。 （5）泵体、减速机油质无杂质分层乳化，油位正常，为1/3～2/3。 （6）机封、泵壳、泵体出入管道及膨胀节无漏浆现象。 （7）电动机风罩进风口无异物堵塞，风冷效果良好。 （8）循环泵入口压力为−0.05～0.1MPa，出口压力为0.1～0.4MPa。 （9）循环泵轴承温度小于90℃。 （10）电动机前后轴承温度小于95℃。 （11）电动机线圈温度小于120℃

3. 巡回检查结束

巡回检查结束后，检查人员应及时向值班负责人汇报巡检结果，汇报内容包括系统、设备的状态、参数变化情况及当前运行方式，发现的缺陷及其现象、采取的措施、遗留缺陷的发展趋势；及时完成巡检结果的记录或上传工作，重大缺陷的发现及其后续处理录入值班日志；将使用后的工器具、钥匙以及自身防护用品进行定置存放。

生产部门管理人员可定期对管辖专业设备巡回检查的执行情况进行检查；生产部门可定期组织抽查，以进一步检查值班人员的巡回检查质量。

第三节 定期切换与试验管理

定期切换指按规定周期轮换运行设备与备用设备状态的工作；定期试验指运行设备或备用设备进行动态或静态启动、保护传动，以检测运行或备用设备的健康水平。设备定期切换与试验的目的是进一步提高设备运行的可靠性，及时发现设备运行或备用状态的故障和隐患，提高设备的健康状况，有效防止因设备隐患的积累而导致的事故发生。

一、 定期切换与试验管理与要求

1. 管理职责

企业负责制定设备定期切换与试验的管理流程和工作标准，进行监督、检查和指导；生产管理部门负责制定符合现场实际定期切换与试验的工作表，检查和监督设备定期切换与试验管理的执行情况，编制、审核技术措施；运行班组负责按规定周期和项目进行设备定期切换与试验工作，及时联系处理执行过程中发现的异常，延期执行的定期切换与试验项目的再执行。

2. 管理要求

运行专业应严格按照运行规程、操作票等执行定期切换与试验工作，确保所有设备处于健康状态；运行规程内需编制定期切换与试验的项目和频次表，编制时应考虑行业标准、技术监督项目、反事故措施整改、设备的实际状况、气候环境等因素；运行专业要建立定期切与试验的相关台账，将试验情况记录在值班日志和台账中。

定期切换与试验原则上要按规定的时间执行，由于特殊原因不能执行时，需说明原因，经相关领导批准后可以不进行操作，但要在运行日志上填写说明；一般由专人按照规程规定按时完成设备定期切换与试验工作，特殊情况下，经运行专业技术人员调整后执行。

3. 设备定期切换与试验管理流程

设备定期切换与试验管理流程图见表 4-12。

表 4-12　　设备定期切换与试验管理流程图

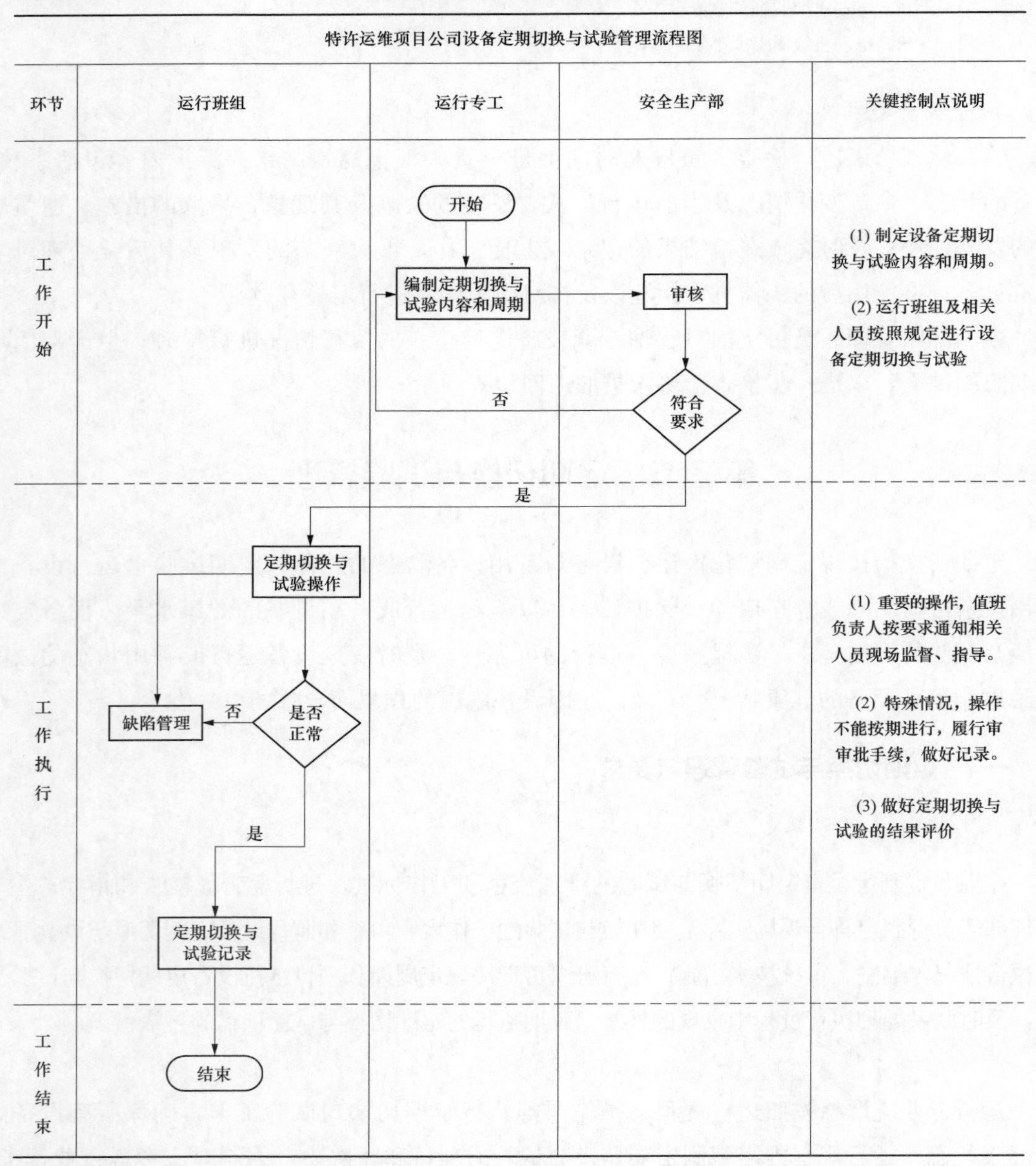

二、定期切换与试验岗位标准

运行切换与试验岗位标准规定了运行人员在切换与试验管理流程中的职责权限及各工作节点的定性要求。设备定期切换与试验岗位工作标准见表 4-13。

表 4-13　　设备定期切换与试验岗位工作标准

<table>
<tr><th rowspan="2">序号</th><th rowspan="2">流程</th><th rowspan="2">工作节点</th><th colspan="3">岗位分工</th><th rowspan="2">工作内容与要求</th></tr>
<tr><th>主值</th><th>副值</th><th>值班员</th></tr>
<tr><td rowspan="3">1</td><td rowspan="3">工作布置</td><td>（1）明确任务</td><td>√</td><td>√</td><td></td><td>根据运行规程规定，按时按班布置定期工作</td></tr>
<tr><td>（2）指定操作人员</td><td>√</td><td>√</td><td></td><td>指定监护人与操作人</td></tr>
<tr><td>（3）交代注意事项</td><td>√</td><td>√</td><td></td><td>操作前提醒监护人与操作人操作设备的位置、主要步骤、存在的风险、使用工器具以及人身安全防护等注意事项</td></tr>
<tr><td rowspan="5">2</td><td rowspan="5">工作准备</td><td rowspan="2">（1）工作联系</td><td>√</td><td></td><td></td><td>对可能影响系统功率或安全的操作，汇报生产领导和相关专业技术人员到现场指导</td></tr>
<tr><td>√</td><td>√</td><td></td><td>对涉及其他系统或部门的操作，联系相关的负责人、检修人员配合</td></tr>
<tr><td>（2）风险分析</td><td>√</td><td>√</td><td>√</td><td>1）在操作前监护人与操作人根据现场情况认真填写《员工人身安全风险分析预控本》，掌握安全防范措施、携带相应安全工器具。
2）在操作前做好事故预想、防止误操作和设备误动的防范措施</td></tr>
<tr><td>（3）填写操作票</td><td></td><td></td><td>√</td><td>按照标准操作票进行填写</td></tr>
<tr><td>（4）准备工器具</td><td></td><td></td><td>√</td><td>根据操作任务、就地实际环境以及相关的管理制度，准备好工器具、钥匙以及自身防护用品</td></tr>
<tr><td>3</td><td>工作执行</td><td>使用操作票的操作</td><td></td><td>√</td><td>√</td><td>严格按照“操作票管理制度”执行操作
1）确认任务：操作前再次向发令人确认操作任务。
2）核对设备：操作前核对设备位置、名称、编号及实际运行状态，防止误操作。
3）设备启动前确认保护投入，保护退出履行审批手续。
4）执行操作：根据操作措施或规定操作。
5）核对参数：通知监盘人员连续监视所操作设备各项参数，并核对远方、就地参数及状态</td></tr>
</table>

续表

<table>
<tr><th rowspan="2">序号</th><th rowspan="2">流程</th><th rowspan="2">工作节点</th><th colspan="3">岗位分工</th><th rowspan="2">工作内容与要求</th></tr>
<tr><th>主值</th><th>副值</th><th>值班员</th></tr>
<tr><td rowspan="5">4</td><td rowspan="5">工作结束</td><td rowspan="2">（1）操作情况汇报</td><td></td><td>√</td><td>√</td><td>1）明确汇报操作完毕及结束时间。
2）汇报所操作系统、设备操作前后状态与重要参数变化情况以及当前的运行方式</td></tr>
<tr><td></td><td></td><td>√</td><td>1）汇报操作中发现的缺陷及其现象、名称和采取的措施。
2）对操作中存在的问题汇报清楚</td></tr>
<tr><td>（2）工器具定置存放</td><td></td><td></td><td>√</td><td>将使用后的工器具、钥匙以及自身防护用品定置放置</td></tr>
<tr><td rowspan="2">（3）信息录入</td><td>√</td><td></td><td></td><td>将操作项目、设备名称、方式变化及操作中发现的重要缺陷录入值班日志</td></tr>
<tr><td>√</td><td>√</td><td>√</td><td>1）将操作中发现的缺陷录入缺陷管理系统。
2）将操作项目、设备的名称、状态及参数录入运行日志。
3）记录相关的管理台账</td></tr>
</table>

三、定期切换与试验工作内容

定期切换与试验工作内容主要包括：机械设备、电气设备、公用系统、消防系统以及压力容器等设备设施的定期切换与试验；安全工器具、自动装置、保护装置及信号装置的定期试验工作等。定期切换与试验又分为每值、每日、每轮换值、每月、每季、每年的定期工作，以及不同季节、不同负荷和运行方式的定期工作；运行规程内应编制有设备定期切换与试验表（以脱硫系统为例可参照表4-14），内容包括项目、周期、执行人、监护等。

表4-14　　设备定期切换与试验表（示例）

序号	切换、试验项目	切换日期	切换周期	执行人	监护人
1	事故喷淋试验		一周一次	值班员	值班负责人
2	工艺水泵（两用一备）		一周一次	值班员	值班负责人
3	净烟气挡板门密封风机		一周一次	值班员	值班负责人
4	循环浆液泵		一周一次	值班员	值班负责人
5	氧化风机（两用一备）		一周一次	值班员	值班负责人
6	真空皮带机及拉绳开关试验		一周一次	值班员	值班负责人
7	滤布冲洗水泵		一周一次	值班员	值班负责人
8	湿式球磨机		一周一次	值班员	值班负责人
9	湿式球磨机低压油泵		两周一次	值班员	值班负责人
10	磨机再循环泵		两周一次	值班员	值班负责人

续表

序号	切换、试验项目	切换日期	切换周期	执行人	监护人
11	滤液水泵		两周一次	值班员	值班负责人
12	石膏排出泵		两周一次	值班员	值班负责人
13	石灰石浆液泵		两周一次	值班员	值班负责人
14	吸收塔地坑泵		两周一次	值班员	值班负责人
15	废水旋流泵		两周一次	值班员	值班负责人
16	污泥输送泵		两周一次	值班员	值班负责人
17	稀释风机		两周一次	值班员	值班负责人
18	尿素溶液泵		两周一次	值班员	值班负责人
19	蒸汽吹灰		每班一次	值班员	值班负责人
…	备用设备测绝缘		高压设备一周一次 低压设备两周一次	值班员	值班负责人
…	进线双电源切换试验	停机时进行		值班员	值班负责人
…	保安段备用电源切换试验	停机时进行		值班员	值班负责人
备注	（1）原则上一用一备的设备两周切换一次；两用一备的设备（如工艺水泵、氧化风机等）每周切换一次，按照（1号+2号）→（2号+3号）→（3号+1号）→（1号+2号）→…的循环方式切换运行。 （2）浆液循环泵、真空皮带机、湿式球磨机的切换应综合考虑负荷工况和运行方式等因素				

运行专工：　　　　　　　　　　　　　　　生产部门负责人：

四、定期切换与试验工作流程

1. 定期切换与试验准备

运行人员接班后，确认当班需要进行的定期切换与试验任务；定期切换与试验应使用标准操作票，系统静态试验一般由专业人员编写试验方案和技术措施，并办理工作票手续后运行人员配合进行；对需要改变机组负荷、设备或系统运行方式的定期工作，需经值长批准，方可进行，重要的操作与试验，要有试验方案，除有操作人、监护人外，值班负责人按要求通知生产部门负责人、运行专工及相关专业专工到场监督指导。

定期切换与试验工作开始前，运行人员应开展风险辨识、做好事故预想，采取相应的预控措施；检查备用设备或系统正常，确认设备具备试验、切换的条件；备用设备定期测绝缘电阻前，应解除设备的联锁并停电，以防设备突然启动。

2. 定期切换与试验执行

具备切换、试验条件后，经报值班负责人同意，运行人员填写操作票，按规定进行定期切换与试验操作，切换时应先启动备用设备，待备用设备启动运行正常之后再停止原运行设备，切换后投入备用状态。

设备定期切换过程中，若启动的设备存在缺陷或参数异常，应视情况恢复原运行方式，按缺陷管理相关规定，通知相关检修人员处理；发现参数异常应立即停止试验，做好记录并联系相关人员处理；发生事故时必须立即终止，听从值班负责人或值长统一指挥，进行事故处理。

定期切换与试验完成后，运行人员应及时填写定期切换与试验记录（见表4-15），包括时间、内容、试验结果、试验数据和切换情况等，发现的缺陷和异常应在交接班过程中重点交代。

表4-15　　　　设备定期切换与试验记录（示例）

序号	切换、试验项目	切换日期	执行人	监护人	切换结果	延期原因	采取措施	实际完成时间
1	1号→2号石膏排查泵				完成/延期/未完成		见××措施	
	2号→1号石膏排查泵							
2	…							
	…							
备注	（1）一用一备的设备切换周期为半月一次。 （2）两用一备的设备应每周切换一次，按照（1号＋2号）→（2号＋3号）→（3号＋1号）→（1号＋2号）→…的循环方式切换运行							

3. 定期切换与试验延期或取消

设备有严重缺陷或运行方式不允许，不能进行定期切换和试验工作时，经运行专工和安全生产部负责人同意后可延期进行，但应在运行日志上写明原因；重要切换、试验工作恰逢法定假日、重大活动、政治保电等特殊情况时，应提前或顺延进行，并做好记录。

因故未能执行定期切换与试验工作的，在条件具备时运行班组要及时补做；对检查出缺陷尚未处理的带病运行的设备，运行专工、检修专工及生产部门负责人应根据缺陷情况制定出具体的措施，交值班人员执行。

4. 定期切换与试验工作结果评价

定期切换与试验结果与前次差异较大时，应及时汇报相关运行专业技术人员，由运行专业技术人员组织分析并查明原因，制定相应的防范措施，审批后下发执行。

第四节　运行操作管理

运行操作指在电力系统中，运行人员将设备或系统由一种状态转换为另一种状态所进行的一系列行动。运行操作管理是为了规范运行人员在运行操作时，必须进行的操作监护管理和执行操作票制度，是电力生产中杜绝误操作、严防操作事故发生的一项重要措施。

一、标准操作票建立与使用

操作票是保证运行人员操作设备的正确性，保证操作过程中人身安全及设备安全的有效措施。操作票是准许运行人员正确操作的书面凭证，是防止人为误操作（如错拉、错合，带负荷拉隔离开关及带地线合闸等）的有效措施，操作票具有操作项目较多，要求严格的特点。为提高操作票办理和使用的准确性和高效性，运行专业可针对不同的操作项目进行分类和整理，建立标准操作票。

1. 标准操作票格式

标准操作票一般由操作票抬头、操作基本信息、操作前准备工作、操作前风险评估、安全技术交底、操作项、操作中风险点管控、操作后风险情况评估等信息模块组成。

（1）操作票抬头包括企业 LOGO、公司名称、操作票类别。

（2）操作基本信息包括操作任务、作业风险等级、风险控制等级。

（3）操作前准备工作包括操作前准备及检查信息、发令人、监护人、发令时间、人员到岗信息。

（4）操作前风险评估包括危害因素、预控措施、执行情况；安全技术交底包括安全交底信息、操作人、监护人。

（5）操作项包括操作开始时间、模拟、时间、步序、操作项目、风险提示、执行（热力机械操作票不设模拟栏）。

（6）操作中风险点管控包括步序、风险等级、管控措施、管理人员见证签字。

（7）操作后风险情况评估包括在操作结束后，由发令人、操作人、监护人对操作前、操作中的风险辨识和措施执行情况进行回顾性总结内容，操作结束时间、操作人、监护人、发令人。

标准操作票公司名称采用宋体、三号字、加粗，编号及各模块名称采用宋体、五号字、加粗，其他内容采用宋体、五号字。

2. 标准操作票的使用

标准操作票包括热机操作票和电气操作票，填写、用词和执行要求需按照行业操作票管理标准执行。

（1）标准热机操作票使用范围：脱硫系统浆液循环泵、氧化风机、湿式球磨机、脱硝水解器等主要设备的启动、停止；脱水系统、废水系统等系统的启动、停止或切换；设备定期试验、轮换操作；工作票中涉及运行布置措施等。

标准电气操作票使用范围：6kV 及以上的电气设备倒闸操作；380V 及以下的电气设备倒闸操作；运行设备系统的试验或初次调整试验；UPS 系统、直流系统的操作等。

可不使用操作票，但需要明确指定监护人和操作人，并记入值班记录的情况：拉合断路器（开关）的单一操作；拆除全厂仅装有的一组接地线或拉开全厂仅有一组已合上的接地开关；停电设备进行高压试验或绝缘电阻测试，需拆装接地线或拉合接地开关；油压装置补气、调油位，调速器手自动切换，油、水、气系统的单一程序操作等；事故紧急处理等。

（2）标准操作票（模板）。标准操作票（模板）见表 4-16。

表 4-16　　标准操作票（模板）

<table>
<tr><td colspan="6">企业 LOGO
××××公司
（热机、电气）操作票</td></tr>
<tr><td colspan="6">1. 操作基本信息</td></tr>
<tr><td>操作任务</td><td colspan="5"></td></tr>
<tr><td>作业风险等级</td><td colspan="5">□高□中□低</td></tr>
<tr><td>风险控制等级</td><td colspan="5">□厂级□车间级□班组级</td></tr>
<tr><td colspan="5">2. 操作前准备工作（发令、接令、到岗）</td><td>确认（√）</td></tr>
<tr><td colspan="5">核实相关工作票已终结或押回，检查设备、安全工器具、系统运行方式、运行状态具备操作条件</td><td></td></tr>
<tr><td colspan="5">复诵操作指令确认无误</td><td></td></tr>
<tr><td colspan="5">根据操作任务风险等级通知相关人员到岗到位</td><td></td></tr>
<tr><td colspan="5">发令人：　　　　监护人：　　　　发令时间：　　年　　月　　日　　时　　分</td><td></td></tr>
<tr><td colspan="5">生产保障管理人员到岗签字：</td><td></td></tr>
<tr><td colspan="5">生产监督管理人员到岗签字：</td><td></td></tr>
<tr><td colspan="6">3. 操作前风险评估（从人、机、环、管四方面开展风险辨识）</td></tr>
<tr><td>危害因素</td><td colspan="4">预控措施</td><td>确认（√）</td></tr>
<tr><td></td><td colspan="4"></td><td></td></tr>
<tr><td colspan="6">4. 发令人（值班负责人）按照“操作前风险评估”、操作中“风险提示”、现场作业的防范措施落实等内容向操作人、监护人进行安全技术交底</td></tr>
<tr><td colspan="6"></td></tr>
<tr><td>操作人</td><td colspan="2"></td><td>监护人</td><td colspan="2"></td></tr>
<tr><td colspan="6">5. 操作项</td></tr>
<tr><td colspan="6">操作开始时间：　　年　　月　　日　　时　　分</td></tr>
<tr><td>模拟</td><td>时间</td><td>步序</td><td colspan="2">操作项目</td><td>执行（√）</td></tr>
<tr><td></td><td></td><td>1</td><td colspan="2"></td><td></td></tr>
<tr><td></td><td></td><td>F1</td><td colspan="2">风险提示：</td><td></td></tr>
<tr><td></td><td></td><td>2</td><td colspan="2"></td><td></td></tr>
<tr><td></td><td></td><td>F2</td><td colspan="2">风险提示：</td><td></td></tr>
<tr><td colspan="6">6. 操作中风险点管控</td></tr>
<tr><td>步序</td><td>风险等级</td><td colspan="3">管控措施</td><td>管理人员
见证签字</td></tr>
<tr><td></td><td></td><td colspan="3"></td><td></td></tr>
<tr><td colspan="6">7. 操作后风险管控评价</td></tr>
<tr><td colspan="6">操作结束时间：　　年　　月　　日　　时　　分</td></tr>
<tr><td colspan="6">操作人：　　　　　　监护人：　　　　　　发令人：</td></tr>
</table>

二、停送电管理

停送电指在电力生产过程中，运行人员将设备或系统由一种状态转换为另一种状态时的电气操作。其中，操作人指具有相应运行岗位资格的负责该项操作任务的当班运行人员；监护人指具有相应运行岗位资格的负责该项操作任务监护工作的当班运行人员，一般情况下监护人的岗位应该比操作人的岗位高，对设备更熟悉。

1. 停送电操作基本原则

（1）拉、合隔离开关前必须检查开关确在断开位。

（2）送电时，先送电源侧、后送负荷侧，先隔离开关后断路器；停电时操作与此相反。

（3）通过厂用电快切（同期装置闭锁）装置进行电源切换，应采用并联切换方式；无同期装置或规程不允许并列操作的电源切换时，应采取先断后合方式。

（4）母线送电时，各馈线的开关和隔离开关均应在断开位置，母线电压互感器应先转为运行状态；母线送电后，须先检查母线三相电压正常后，方可对各供电回路送电；母线停电前，应先将该母线上的所有馈线开关停电，再停母线电源开关。

（5）设备送电绝缘电阻测试前必须验电，且严格执行“验电三步骤”；设备送电前，应根据现场规定投入有关保护装置，禁止设备无保护运行。验电三步骤：①验电前应将验电器在带电的设备上验电，证实验电器是否良好。②在设备进出线两侧逐相进行验电，不能只验一相。③验明无电压后再把验电器在带电设备上复核是否良好。

（6）当更换高低压电压互感器一次侧、二次侧保险时，或出现电压互感器电压回路断线需要消缺时，应先退出对应设备的低电压保护压板和电源切换装置，断开直流保护电源，再做检查或检修。

（7）手动电源切换或电源设备倒母线时，必须先将备用电源自动投入装置退出，操作结束后再投入。

2. 停送电操作程序

（1）值班负责人接到停电、送电工作后，指定监护人和操作人，并告知停电、送电操作任务。

（2）操作人应与监护人、值班负责人认真核实需操作设备的名称及停电、送电位置无误后，打印标准操作票，监护人和值班负责人进行审核。

（3）停送电的设备在DCS画面有显示的，监护人和操作人应到盘前画面核实并确认设备的实际状态，包括设备的红、绿状态指示以及是否有电流，有联锁的是否已断开，核实完毕，方可进行操作。

（4）操作人和监护人应认真分析操作程序、危险点和控制措施。

（5）监护人和操作人就地检查设备的实际状态是否符合停电、送电的要求；如停电，应确认设备确已停止运行；如送电，确认设备的检修措施已拆除，各部件完整，电动机接线及外壳接地良好，地脚螺栓牢固，电动机联轴器完好，防护罩牢固，机械部分良好。

(6) 确认设备实际状态后，到配电室开关就地，经操作人和监护人共同核实设备双重名称无误后方可开始操作，以免走错间隔；监护人、操作人应先进行模拟操作，确认操作顺序无误后方可进行停送电操作。

(7) 无论接地开关是否投入，设备送电前，必须检查接地开关分位。

(8) 在绝缘电阻测试时，操作人负责测试，监护人负责操作绝缘电阻表，并对操作人进行监护、提醒验电部位及有关注意事项；先测量设备对地绝缘电阻，再测量设备相间（极间）绝缘电阻；测量绝缘电阻时必须戴绝缘手套；操作完毕后应将测量结果在记录本上登记。

(9) 设备停电后，如需要装设接地线或合接地开关时，必须验明设备确无电压，监护人负责监护，由操作人执行；装设接地线必须先接接地端，后接导体端，且必须接触良好，拆接地线的顺序与此相反；装、拆接地线必须戴绝缘手套；地线装拆完毕均应在记录本上登记，注明装拆地线号、装拆时间及装拆人员。

(10) 装设一次、二次侧回路熔断器时，必须预先核对熔断器的容量是否符合要求，且导通良好；合二次空气开关时必须检查投入、停止方向正确。

(11) 即使设备停电时保护未退出运行，再次送电前，也必须对保护装置及压板的投入情况进行检查。

(12) 严格执行监护复诵制，全过程录音，每操作完一项，监护人检查无误后，在操作票上打“√”。

(13) 如手车开关送进操作出现受阻，应停止送进操作，此时应检查接地开关闭锁机构是否断开、手车轨道是否卡涩、母线静触头隔离挡板是否挑起，必要时联系检修处理。

(14) 操作完毕，监护人及操作人应检查本次操作无误，包括检查操作的设备名称无误，信号、保护、灯光、开关位置正确无误；操作人把工器具放回工具柜，摆放整齐，监护人将操作票存放到操作票盒内。

(15) 一项操作任务完毕，应及时将操作情况汇报值班负责人。

3. 停送电重要风险识别及管控

停送电重要风险识别及管控措施见表4-17。

表4-17　停送电重要风险识别及管控措施

操作项目	风险类型	风险成因	控制措施
400V电动机绝缘电阻测试	触电	触电安全距离不足0.7m	(1) 与带电设备保持至少0.7m安全距离。 (2) 不得触碰电气设备或开关裸露部分

续表

操作项目	风险类型	风险成因	控制措施
400V电动机绝缘电阻测试	触电	走错间隔	工作前核对设备名称及编号
	触电	运行人员单人操作	必须由两人进行工作，其中一人对设备较为熟悉者作监护
	灼伤	带负荷拉开小车开关	将开关小车拉出前检查开关指示确在“分闸”位置，且控制方式切至“就地”位置
	触电	未正确佩戴合格的防护用品	操作时穿好绝缘鞋，戴好绝缘手套
400V负荷开关停电	触电	触电安全距离不足0.7m	（1）与带电设备保持至少0.7m安全距离。 （2）不得触碰电气设备或开关裸露部分
	触电	走错间隔	工作前核对设备名称及编号
	触电	运行人员单人操作	必须由两人进行工作，其中一人对设备较为熟悉者作监护
	触电	未正确佩戴合格的防护用品	操作时穿好绝缘鞋，戴好绝缘手套
400V母线停送电	触电	触电安全距离不足0.7m	（1）与带电设备保持至少0.7m安全距离。 （2）不得触碰电气设备或开关裸露部分
400V母线停送电	触电	工作票未终结或检修现场仍有检修人员作业	（1）检查检修工作票已押回或者终结。 （2）操作前检查设备检修工作结束，所有人员已全部撤离
	触电	走错间隔	工作前核对设备名称及编号
	触电	运行人员单人操作	必须由两人进行工作，其中一人对设备较为熟悉者作监护
	灼伤	带负荷拉开小车开关	将开关小车拉出前检查开关指示确在“分闸”位置，且控制方式切至“就地”位置
	触电	未正确佩戴合格的防护用品	绝缘电阻测试时穿好绝缘鞋，戴好绝缘手套
	触电	使用不合格或不按规定使用验电器	（1）使用400V验电器。 （2）使用前，检查验电器合格证在有效期；验电器声光报警良好。 （3）先在带电体上进行测试，确认良好后方能在停电设备上验电
	（试验电压）触电	使用不合格或不按规定使用绝缘电阻表	（1）被测设备未放电之前，严禁用手触及。 （2）拆线时，严禁触及引线的金属部分。 （3）测量结束后，对大电容设备要进行充分放电
	突然来电造成人员触电	停电后未挂接地线或未按要求挂接地线	（1）检修电工放电后，当验明设备确已无电压后，应立即将检修设备接地并三相短路。 （2）对于可能送电至停电设备的各方面都应装设接地线或合上接地开关（装置），所装接地线与带电部分应考虑接地线摆动时仍符合安全距离的规定。 （3）在配电装置上，接地线应装在该装置导电部分的规定地点，这些地点的油漆应刮去，并划有黑色标记；所有配电装置的适当地点，均应设有与接地网相连的接地端，接地电阻应合格；接地线应采用三相短路式接地线，若使用分相式接地线时，应设置三相合一的接地端。

续表

操作项目	风险类型	风险成因	控制措施
400V母线停送电	突然来电造成人员触电	停电后未挂接地线或未按要求挂接地线	(4) 装设接地线应先接接地端，后接导体端，接地线应接触良好，连接应可靠，拆接地线的顺序与此相反；装、拆接地线均应使用绝缘棒和戴绝缘手套，人体不得碰触接地线或未接地的导线，以防止触电。 (5) 成套接地线应用有透明护套的多股软铜线组成，其截面面积不得小于25mm²，同时应满足装设地点短路电流的要求，禁止使用其他导线作接地线或短路线
400V电气停送电操作	触电	安全距离不足0.7m	(1) 与带电设备保持至少0.7m安全距离。 (2) 不得触碰电气设备或开关裸露部分
		使用不合格或不按规定使用验电器	(1) 使用400V验电器。 (2) 使用前，检查验电器合格证在有效期；验电器声光报警良好。 (3) 先在带电体上进行测试，确认良好后方能在停电设备上验电
		工作票未终结或检修现场仍有检修人员作业	(1) 检查检修工作票已押回或者终结。 (2) 操作前检查设备检修工作结束，所有人员已全部撤离
		走错间隔	工作前核对设备名称及编号
		运行人员单人操作	必须由两人进行工作，其中一人对设备较为熟悉者作监护
	灼伤	带负荷拉开小车开关	将开关小车拉出前检查开关指示确在“分闸”位置，且控制方式切至“就地”位置
	触电	未正确佩戴合格的防护用品	绝缘电阻测试时穿好绝缘鞋，戴好绝缘手套
	(试验电压)低压触电	使用不合格或不按规定使用绝缘电阻表	(1) 被测设备未放电之前，严禁用手触及。 (2) 拆线时，严禁触及引线的金属部分。 (3) 测量结束后，对大电容设备要进行充分放电
6kV开关柜停电、送电	触电、灼伤、损坏设备	带负荷合（断）小车开关	(1) 认真履行操作监护制和唱票等复诵制度。 (2) 严格执行“三核对”，操作之前，应检查断路器确在断开位置，并手动机械打跳一次后，方可推拉开关小车。三核对：①原始定值核对；②输入定值核对；③输入完成后打印定值稿与输入定值单核对。 (3) 送电之前，应检查开关“五防”闭锁可靠，禁止将“五防”不可靠的开关柜投入运行。五防：带负荷拉合隔离开关，断路器带接地合闸，带电挂接地线，误开合断路器以及误入带电间隔。 (4) 为防止开关小车由“试验”位置到“工作”位置时断路器自动合闸，建议在开关小车送到工作位置后，再送控制电源或装上断路器二次插头；停电时，则先断开控制电源或取下其二次插头。 (5) 严格执行操作票制度
	触电、灼伤、损坏设备	带接地开关送电	(1) 送电前应对开关柜进行详细检查，确认接地开关确已拉开。 (2) 送电前必须测量绝缘电阻合格。 (3) 检查接地开关闭锁正常，发现接地开关操作轴上的挡车块不能正常闭锁时，应及时联系检修人员处理

续表

操作项目	风险类型	风险成因	控制措施
6kV开关柜停电、送电	触电、灼伤、损坏设备	带电合接地开关	（1）操作前必须进行“三核对”，防止走错间隔。 （2）检查隔离开关停电并已拉至检修位置。 （3）必须使用合格的验电器验明三相确无电压后，方可合接地开关或挂接地线。 （4）加强监护
	触电、灼伤、损坏设备	误入带电间隔	（1）操作前应核对设备名称、编号及位置，严格执行“三核对”。 （2）严格执行操作票制度及操作监护制度。 （3）6kV开关小车在工作位置后柜门不能打开，开关柜“五防”功能不可靠时，应及时联系检修人员处理
6kV母线停送电	触电、灼伤、损坏设备	带接地线送电	（1）检修母线恢复送电前，必须拆除所有为检修所做的安全措施，检查接地线或接地开关均已拆除或拉开。 （2）对设备及其连线回路进行全面检查，绝缘电阻表测量母线绝缘电阻合格，防止检修工具、导线头及其他物品残留在柜内，防止设备带电部分与外壳接触等。 （3）严格执行操作票制度及操作监护制度
	触电、灼伤、损坏设备	带电挂地线	（1）装设接地线之前，必须检查母线上所有电源及负荷断路器均在检修位置，母线TV停电，母线电压表指示为零；使用合格的验电器验明三相确无电压。 （2）严格执行操作票制度及操作监护制度，操作前进行“三核对”，防止走错间隔

4. 防误操作管理

停送电操作中必须重点防止以下误操作事故：误拉、误合断路器或隔离开关；带负荷拉合隔离开关；带电挂地线（或带电合接地开关）；带地线合闸；误投退继电保护及自动装置；防止操作人员误入带电间隔等。

（1）运行误操作的典型类型。误操作典型类型及关键节点控制措施见表4-18。

表4-18　误操作典型类型及关键节点控制措施

类型	误操作	关键节点控制措施
调度指挥类	误下令、误指挥	（1）发令人在发令前必须再次确认操作任务与操作对象。 （2）严格执行复诵、确认等工作标准
	误汇报操作过程或结果	（1）汇报人在汇报前必须再次确认汇报对象与内容。 （2）严格执行复诵、确认等工作标准
调整类	误启、误停设备	（1）确认操作任务与目的。 （2）操作时找准位置，核对设备的名称与编号
	误开、误关阀门	（1）确认操作任务与目的。 （2）操作时找准位置，核对设备的名称与编号。 （3）精确调整开度。 （4）非紧急工况下，禁止连击鼠标连续发出指令

续表

<table>
<tr><th>类型</th><th>误操作</th><th>关键节点控制措施</th></tr>
<tr><td rowspan="2">调整类</td><td>误监控、误调整</td><td>（1）调整前，确认调整任务与目的。
（2）调整时找准位置，核对设备的名称与编号。
（3）认真监视与分析，确认参数变化趋势和调整方向</td></tr>
<tr><td>误用工器具</td><td>在氢区（火电）、油区（油品库）等禁止烟火区域，正确使用工器具</td></tr>
<tr><td rowspan="6">电气类</td><td>误拉、合断路器</td><td>（1）确认操作任务与目的。
（2）操作时找准位置，核对设备的名称与编号。
（3）严格执行唱票、复诵、确认等工作标准。
（4）严格执行监护制度</td></tr>
<tr><td>带负荷拉、合隔离开关</td><td>（1）确认操作任务与目的。
（2）操作时找准位置，核对设备的名称与编号。
（3）拉、合隔离开关前，就地确认电源开关物理位置已拉开。
（4）严格执行唱票、复诵、确认等工作标准。
（5）严格执行防误闭锁装置解锁钥匙的使用管理制度和操作监护制度</td></tr>
<tr><td>带电接地线（合接地开关）</td><td>（1）确认操作任务与目的。
（2）操作时找准位置，核对设备的名称与编号。
（3）验电前，就地确认将要接地的设备与各路电源均有明显的物理断开点。
（4）验电时，使用电压等级一致与合格的验电器。
（5）确保五防闭锁装置完好。
（6）严格执行防误闭锁装置解锁钥匙的使用管理制度和操作监护制度</td></tr>
<tr><td>误登带电设备，误进带电间隔</td><td>（1）确认操作任务与目的。
（2）操作时找准位置，核对设备的名称与编号。
（3）进入前，就地确认将要接触的设备与各路电源均有明显的物理断开点。
（4）就地确认将要接触的设备导体已接地线或已合接地开关</td></tr>
<tr><td>带接地线（接地开关）送电</td><td>（1）确认操作任务与目的。
（2）操作时找准位置，核对设备的名称与编号。
（3）检查工作票已终结，接地线已收回。
（4）就地确认该电气连接上所有接地线已拆除，接地开关已拉开。
（5）使用合格绝缘表，测量将要送电的电气设备绝缘良好。
（6）严格执行防误闭锁装置解锁钥匙的使用管理制度和操作监护制度</td></tr>
<tr><td>误用工器具</td><td>（1）验电时，使用与被验设备电压等级一致、检验合格的验电器。
（2）测量绝缘电阻时，使用与被测设备电压等级相符、检验合格的绝缘表。
（3）确认被测参数、测量范围与测量表计匹配</td></tr>
<tr><td>保护类</td><td>误投、误退保护</td><td>（1）确认操作任务与目的，严格执行操作监护制度。
（2）投入、退出保护时找准位置，核对设备的名称与编号。
（3）继电保护投入前，先复归保护动作信号，然后验明保护压板两端确无电压。
（4）热控保护投入前，由热控专业人员确认保护回路及信号正常、输入输出信号无干扰</td></tr>
</table>

续表

类型	误操作	关键节点控制措施
保护类	误复归信号	（1）复归保护信号前，应经专业技术人员调取、留存相关信息。 （2）查明保护动作的原因，确认复归条件。 （3）紧急情况应经值长同意后方可复归
	误碰设备紧急操作按钮、保护引线。	（1）盘上的强操按钮，转动设备事故按钮，汽轮机打闸手柄（火电）等，必须进行扣盖保护。 （2）规范运行人员的操作技能，在保护设备、保护引线附近操作时，保持安全距离

（2）防误操作的主要措施。

1）防误设施配置：运行人员应配置合格的安全工器具、便携式仪表、应急工器具、手动工器具；新建、扩建的发电、变电工程或设备经技术改造和维修后，防误闭锁装置应与主设备同时投运；成套高压开关柜、成套六氟化硫组合电器的“五防功能”应齐全、性能良好，并与其接地开关实行联锁；采用计算机监控系统时，远方、就地操作均应具备防误操作闭锁功能（如：防止误分、误合开关的逻辑控制和开关操作的“禁操”控制等）。

变更名称或编号的设备，应提前定做标识牌，如：利用备用开关替代时，应及时标明与开关架位一致的设备名称和编号；断路器、隔离开关、接地开关、阀门“开”“断”“关”位置的指示器、信号灯、位置行程指示应清晰完好，所示位置与机构实际位置一致；配电室、电子间、配电柜、电压互感器柜的门及门锁应完好，窥视孔应清洁、透明、完好。

所有间隔、所有设备的控制按钮、把手、开关、阀门等均应配置设备命名和状态标牌；所有操作手轮和转动设备应装设转向标志；防止误入带电间隔的遮拦上和防止误登室外带电设备的爬梯上，应安装安全警示牌；开关站（室）、配电间、励磁间、电子间、保护室等生产场所的出入口门均应装设区域标识牌。

2）人员管理：运行人员应熟悉掌握安全工器具和防护用具的使用方法，并且具备相关操作资质；设备、系统或装置发生变化后，及时修订相关的运行规程、措施、典型操作票、系统图，并对相关运行人员进行培训学习、考试合格；在新设备启动、试运前，应对运行人员进行技术培训和交底。

运行专业应有计划、有针对开展操作票、系统图和操作技能培训与考试，保持运行人员填写操作票能力，提升操作技能；开展两票执行程序培训活动，纠正操作执行中的违章行为；运行专业技术人员应定期对频次比较少、容易出错的操作进行技术讲课，如：直流系统蓄电池组的投入、退出，UPS系统正常方式与维修方式倒换，高压加热器投入、退出等；对新来员工进行基础操作技能、本企业防误装置原理及使用的培训，如：高压开关、设备投入、退出等基本操作步骤、检查方法和注意事项。

3）试验仪器设备的使用：万用表、绝缘电阻表、高、低压验电器在每次使用之前必须验证其完好无损、检验合格；高、低压验电器每次使用前不仅要验证其声、光指示正常，还必须在相应电压等级带电部位验证其状况良好；装设或拆除接地线后，及时做好记录。

运行人员严禁擅自解除运用中的防误闭锁装置，如需退出，应履行相关审批程序；带电试运设备时，应核对所有设备远方、就地标牌名称一致，杜绝无名称与编号的设备投运；检查中发现控制逻辑不完善、防误闭锁装置故障、设备标牌缺失或错误时，应及时通知检修人员处理；设备检修工作终结后，必须由运行人员进行验收，发现防误闭锁装置、设备标牌存在缺陷，不予结束工作票；在隐患排查时，各班组分区域地认真排查防误装置故障、标识标牌缺失情况，统一上报消除；在操作故障或尚未装设防误闭锁装置的设备时，应制定切实可行的专项防范措施。

4）系统隔离：两套系统同一控制室、配电间、保护室、电子间、工程师站等，应采取可靠隔离措施和明显标识，避免人员走错间隔；对于特定区域、空间的检修工作，应在所有隔离阀门上挂安全标识牌，并对阀门上锁；运行设备与检修设备之间应装设隔离围栏或隔离围带；在运行间隔盘柜上挂“正在运行”的红布幔和隔离围带，以防止工作人员误入带电间隔。

三、重大操作管理

重大操作指企业生产活动中危险性大、环节多、影响面广、重要性强的操作，也是对操作工艺要求较高、工序复杂或对安全环保生产可能产生严重影响的操作。重大运行操作时，运行人员应做好重大运行操作启动、准备、管控和闭环工作。

1. 重大运行操作内容

重大运行操作内容见表 4-19。

表 4-19　　重大运行操作内容

序号	操作条件	操作项目
1	新安装机组或机组大修后	（1）环保装置投入。 （2）环保装置重要设备的试运。 （3）母线停电、送电操作及重要线路送电操作。 （4）重要设备的联锁试验（如：性能试验、逻辑保护等）
2	正常情况	（1）环保装置投入、退出。 （2）重要系统正常投入、退出。 （3）母线停电、送电操作及重要线路送电操作。 （4）重要定期工作
3	异常情况	（1）环保数据异常。 （2）主、辅设备或系统异常。 （3）母线失电、线路跳闸。 （4）辅助设备异常或故障退出
4	发生事故	发生人身伤害、重大设备损坏、火灾、爆炸、环境污染或重大自然灾害等

2. 重大运行操作流程

重大运行操作流程包括重大运行操作启动、重大运行操作准备、重大运行操作实施和重大运行操作结束。

（1）重大运行操作启动：重大运行操作由当值值长启动，值长通知生产领导和运行、生产技术、安全专业等专业负责人，由专业负责人再通知相关人员按时到场；到场人员应根据企业《重大操作人员到位制度》要求，在《重大操作管理人员到位签到本》上签字，按照重大运行操作处置卡内容逐条落实检查、指导、监护及协调工作。

重大操作管理人员到位签到记录（示例）见表4-20。

表4-20　　重大操作管理人员到位签到记录（示例）

工作任务			
工作负责人			
工作时间	年　月　日　时　分		
通知时间	年　月　日　时　分		
通知人		被通知人	
管理人员到位情况			
职务	姓名	到位时间	备注

（2）重大运行操作准备：当班值长检查专项安全、组织、技术措施是否审批下发；涉及环保排放设施的操作，应通知环保归口部门向地方政府环保部门备案；运行人员应熟知运行安全技术措施、操作内容，做好风险辨识预控和事故预想；当班值长应检查相关人员到岗、到位情况，否则不予执行；当班值长应组织参与重大操作的各方人员现场检查、安全技术交底，并签字确认；在进行重大操作前，运行、安全、检修等相关专业人员对操作进行风险辨识，并提出切实可行的措施，落实到人；重大操作时的总体协调应由生产领导负责。

值长重大运行操作处置卡见表4-21，生产领导（负责人）重大运行操作处置卡见表4-22，生产负责人重大操作到位监护（等级）明细表见表4-23。

表4-21　　值长重大运行操作处置卡

序号	执　行　内　容	执行情况（√）
1	检查专项措施已审批下发	
2	确认涉及环保排放设施的操作，已按地方政府环保部门要求备案	
3	通知相关人员到岗到位	

续表

序号	执行内容	执行情况（√）
4	检查本值运行人员已熟知运行安全技术措施、操作内容，做好风险辨识预控和事故预想	
5	检查相关人员到岗、到位情况，否则不予执行	
6	组织参与重大操作的各方人员现场检查、安全技术交底	
7	组织相关专业人员到现场检查确认操作中存在的风险，并提出切实可行的措施，落实到人	
8	重大操作前，落实专门的指挥人、监护人、操作人和监盘人员	
9	详细交代有关注意事项	
10	检查参与重大操作的各方已经做好准备工作，下令开始操作	

表 4-22　生产领导（负责人）重大运行操作处置卡

序号	负责人	执行内容	执行情况（√）
1	运行专业	检查本次重大操作的安全技术措施、方案，已审批下发	
		落实本专业相关人员的到位情况	
		检查值长重大运行操作处置卡的执行情况	
		检查运行人员已明确技术措施、操作内容，并已做好风险辨识和事故预想	
		布置本专业相关技术人员参与重大操作的现场检查、安全技术交底工作	
		布置本专业相关技术人员现场检查确认操作中存在的风险，并提出切实可行的措施，落实到人	
		检查落实专门的指挥人、监护人、操作人和监盘人员情况	
		检查本专业人员严格按照操作票、试验措施和调试方案执行情况	
2	检修专业	检查本专业编制的试验措施和调试方案已审批下发	
		落实本专业相关人员的到位情况	
		组织本专业人员对操作现场检查，落实操作（试验和调试）准备工作	
		布置本专业相关技术人员和班组人员现场检查确认操作（试验与调试）中存在的风险，并提出切实可行的措施，落实到人	
		布置本专业技术人员对运行人员完成本次操作（试验与调试）安全技术交底工作	
		检查落实专门的操作联系人、现场检查人、工作监护人情况	
		检查本专业人员严格按照作业指导书、试验措施和调试方案执行情况	
		完成本专业安装、检修、试验人员的组织实施和工作协调	
3	生产部门	落实本部门相关专业人员的到位情况，协助解决现场出现的设备与系统的技术问题	
		布置安排本部门相关技术人员参与重大操作的现场检查、安全技术交底	
		布置安排本部门相关技术人员参与现场检查确认操作中存在的风险，并提出切实可行的措施，落实到人	

序号	负责人	执行内容	执行情况（√）
3	生产部门	检查技术措施和方案的执行情况，同时为检修和运行等生产单位提供技术支持	
		监督有关单位在重大操作时缺陷管理制度的执行情况	
4	安全专业	监督、落实相关人员的到位情况	
		对重大操作进行现场检查、安全技术交底	
		参与现场检查确认操作中存在的风险，并提出切实可行的措施，落实到人	
		检查安全措施、操作票的执行情况，同时为检修和运行等生产单位提供安全技术支持	
		及时制止违章指挥、违章作业的行为	
5	公司生产负责人	检查生产部门负责人和相关专业技术人员的到位情况	
		检查生产部门重大操作的现场检查、安全技术交底情况	
		检查生产部门现场操作风险控制措施的落实情况	
		协调解决本次重大操作中存在的主要问题	
		操作结束后，对生产部门执行重大操作处置卡情况进行讲评，对整个操作过程进行总结评价，提出整改建议	

表 4-23　　生产负责人重大操作到位监护（等级）明细表

序号	操作项目	生产负责人	生产部门负责人	安全专业负责人	运行专业负责人	检修专业负责人
1	（1）环保装置投入、退出。 （2）母线停电、送电操作及重要线路送电操作。 （3）重要设备的联锁试验（如：性能试验、逻辑保护等）。 （4）重要系统正常投入、退出	√	√	√	√	√
2	（1）环保数据异常。 （2）主、辅设备或系统异常。 （3）母线失电、线路跳闸	√	√	√	√	√
3	发生人身伤害、重大设备损坏、火灾、爆炸、环境污染或重大自然灾害等	√	√	√	√	√
4	（1）重要定期工作。 （2）辅助设备异常或故障退出。 （3）环保装置重要设备的试运		√	√	√	√

注　“√”表示在相关重大操作项目时要求各级管理人员到位监护。

（3）重大运行操作实施：当班值长应统一指挥，明确下达操作指令；各级监护人员和管理人员应按照重大操作及到位要求，实行全过程监护；运行岗位之间应按照重大操作方案的要求及时保持联系和沟通，若发生异常情况时，按照已确定的方案处理，并及时汇报。

（4）重大运行操作结束：当班值长应向生产领导及相关上级单位汇报重大操作完成情况；重大操作结束后，运行技术人员应继续跟踪设备运行状况及参数变化，并对本次操作进行分析总结，形成书面技术材料，为进一步完善运行规程与技术措施提供依据。

四、 运行违章的纠正与预防

严格贯彻落实电力生产“安全第一，预防为主，综合治理”的方针，保障烟气治理设施安全稳定运行，杜绝和防范生产过程中各类违章现象的发生，实现安全生产的可控在控，确保各项安全环保目标的实现，运行人员必须严格落实反违章管理并做好预防工作。

1. 各级人员职责

企业负责制定反违章管理制度，明确职责与考核标准，建立违章档案、公布违章积分等内容；运行专业应识别运行全过程、全方位所有的违反规章制度、规程标准的违章事件，以典型范例清单的形式公布并不断完善、修订，可对违章事件进行内部分级管理，采用经济处罚和违章计分等手段监督管理，金额和分值应按级别合理设置；运行班组成员是反违章工作的主体，班组安全员对班组反违章工作开展情况负有监督责任，班组长作为班组反违章管理的第一责任人，对班组反违章全面负责。

2. 违章的分类

违章事件按类别可分为：作业性违章、指挥性违章、管理性违章、装置性违章。违章按级别可分为：严重违章、较严重违章、一般违章，运行违章典型范例清单见表4-24。

表4-24　运行违章典型范例清单

作业性违章			
编号	违章描述		纠正措施
1	严重违章	无操作票作业	严格按照“两票管理”制度执行
2		不按规定进行验电和接地	使用同一等级验电器验电和接地线接地
3		擅自解除“五防闭锁”装置，或强行操作	禁止私自解除和强行操作
4		未经批准擅自退出保护	投入、退出保护严格按照审批流程执行
5		签发的工作票主要安全措施不全，许可人不提出意见而盲目执行	许可人应认真审核安全措施，交代注意事项
6		运行设备存在重大安全隐患，未及时采取预防措施和消缺处理	及时采取有效措施，通知检修处理
7		在防火禁区、重点防火部位随意吸烟	严禁随意、流动吸烟
8		在高压设备上不挂接地线即进行工作，装、拆接地线一人进行	严格按照两票制度执行
9		在制氢室内不停电进行电气回路作业	严格按照安规执行
10		在制氢室内作业时未穿防静电服	正确按要求穿着防静电服
11		在运行或备用中的皮带上跨越、站立	禁止在皮带上跨越、站立
12		电气设备按照约定时间停电、送电	严格按照两票制度执行
13		未经批准随意拆除或更改安全防护设施	严格按照两票制度执行
14		高压试验时，带电设备周围及通道未设警戒围栏和标志	按照规定装设警戒围栏和标志

续表

作业性违章			
编号	违章描述		纠正措施
1	较严重违章	代替他人办理工作票、操作票许可或终结手续	严格按照两票制度执行
2		操作票、工作票未按规定签字，或代签名、漏签名	严格按照两票制度执行
3		工作及操作时未随身携带操作票	严格按照两票制度执行
4		工作负责人、工作许可人不执行就地办票	严格按照两票制度执行
5		作业前安全、技术措施不进行交底	严格按照两票制度执行
6		监护人不在就地履行监护职责	严格按照两票制度执行
7		管理人员（含调度员）在得到有关安全生产紧急问题汇报时，未按规定及时处理，或既不汇报也不处理	严格按照汇报标准及时汇报
8		使用不合格或超过检验期的安全工器具	定期校验、检验工器具
9		现场作业着装不符合要求	按照现场要求规范着装
10		进入现场不戴好安全帽	按照规定正确佩戴安全帽
11		使用有毒、易挥发药品时，不在通风橱内进行，不戴口罩、防护眼镜	严格按照标准佩戴和执行
12		接触酸碱作业不戴防护眼镜、不戴乳胶手套、不穿防酸服	严格按照标准佩戴和执行
1	一般违章	操作人未按规定复诵操作内容	严格按照两票制度执行
2		监护人放弃监护，与操作人一起操作	严格按照两票制度执行
3		在生产现场流动吸烟	严禁流动吸烟
4		进入生产现场不按规定着装，穿高跟鞋，女工未将长发盘在帽内	规范着装等内容
5		监盘时使用手机、聊天等	监盘时，不得做和工作无关的事情，手机统一放置

装置性违章			
编号	违章描述		纠正措施
1	严重违章	防误闭锁装置不具备“五防闭锁”功能	通知检修处理，并制定防范措施
2		接地开关不符合系统要求	更换接地开关，必要时采用符合要求接地线
3		验电器与电压等级不匹配	更换电压等级匹配的验电器
1	较严重违章	劳动安全防护用品不齐全	按照工作要求配全防护用品
2		电气工器具、绝缘工器具未按规定定期校验	按照规定进行定期试验
1	一般违章	验电器电池未及时更换	交接班时认真检查，及时更换电池
2		万用表指示不准	每年定期校验万用表

续表

指挥性违章			
编号	违章描述		纠正措施
1	严重违章	违章指挥，安排工人冒险作业	加强安全教育和考核
2		安排未经培训考试合格人员上岗	开展培训，考试合格后上岗
3		安排新员工从事其不胜任的工作	组织对新员工培训，考试合格后上岗
1	较严重违章	生产指挥人员越过值长直接对运行人员下达操作命令	明确值长权限，禁止越权下达操作命令
2		下达生产指令不清晰、不明确	明确操作任务，再次验证操作目的
1	一般违章	安排运行巡检人员不按规定路线巡检	严格按照要求进行巡检
2		盲目决定不进行设备切换试验工作	严格按照定期切换与试验规定执行
管理性违章			
编号	违章描述		纠正措施
1	严重违章	规程、制度未按要求及时进行制定、修编或使用失效的规程制度	及时修编规程与制度
2		制定的规程、制度、措施不符合实际，使用中导致事故的发生，在事故处理时延误或扩大事故	结合实际情况及时完善相关措施
3		不认真吸取教训，未及时采取有效措施，致使同类事故重复发生	严格按照“四不放过”落实整改措施
1	较严重违章	重大操作未到岗到位	严格按照重大操作到位制度执行
2		设备异动、变更后，未及时修订、补充规程、系统图	及时修编规程与系统图
1	一般违章	未按规定开展安全生产例行工作	严格按照企业要求开展安全生产例会
2		班组未按规定开展班前会、班后会	严格按照召开班前、班后会，并做好记录
3		安全活动不记录、不签名、不讨论，流于形式	认真开展班组安全活动，按要求做好记录

3. 违章的发现与处理

违章的发现与处理包括违章的发现、违章原因分析和制定措施。

（1）违章的发现：运行班长在班前应检查每位员工的自身安全防护及风险预控执行情况，班长定期到各岗位进行巡盘，检查劳动纪律，交班前全面检查各项工作的执行情况来发现组员的违章行为，同时通过建立班组一级的员工违章档案，如实记录班组人员的违章事实、违章积分及考核情况，来约束和减少违章的发生。

运行专业负责人要深入现场对各项工作的完成情况和规章制度的执行情况进行检查与指导；生产部门要不定期抽查运行人员巡回检查、操作调整、事故处理等各项工作的执行情况。

（2）违章原因分析：分析运行人员自身存在的不足和欠缺，如身体状况、心理素质、自身防护、能力水平、工作态度等；分析运行管理中存在的不足和欠缺，如运行规章制度的制定、运行人员业务素质培训、人员安排、安全交底、安全措施的布置等；分析外界因素存在的不足和欠缺，如工作空间状况、人机功效、天气变化、设备状态等。

（3）制定措施：根据违章原因，有针对性地提出整改方案和制定防范措施，及时完善违章典型范例清单，并下发各班组执行。

4. 违章纠正

违章纠正包括运行违章行为纠正、习惯性违章行为纠正和违章行为处理。

（1）运行违章行为纠正：通过警告、考核通报、约谈等方式，及时纠正运行违章行为。对于未构成事实和后果的一般违章，应采用警告的方式纠正运行人员的违章行为；对于构成事实或造成不良后果的较严重、严重违章，应采用考核通报的方式纠正运行人员的违章行为；对于管理不善、违章频发的班组，应采用约谈的方式对班（值）长进行约谈，改变管理思路，纠正违章行为，进行违章教育。

（2）习惯性违章行为纠正：通过对各级人员岗位培训，提高运行人员的业务技术水平和操作技能，提高对习惯性违章危害性的认识，全面增强风险分析、判断、处理能力。

（3）违章行为处理：一般违章的运行人员，应进行安全教育培训；对严重违章运行人员，应停止工作进行安全教育培训，经重新考核合格后方可重新上岗。对违章行为处理结果进行公示曝光，在通报违章处罚决定中说明所违反规程的条款，并培训学习防范措施，避免同类违章事件再次发生，达到警示教育的目的，在考核违章责任人的同时，应连带追究相关负责人的责任。对其他专业和企业发生的违章事件，在安全日活动中学习、讨论，结合自身情况制定防范措施。

5. 监督检查与奖惩

监督检查与奖惩包括反违章监督检查和反违章奖惩制度。

（1）反违章监督检查：建立完善反违章监督检查标准，明确监督检查的流程、内容、要求，结合设备运行检修改造、工程建设施工、隐患排查治理、安全性评价、春秋检等开展定期和专项反违章检查。

（2）反违章奖惩制度：班组应把反违章工作列为日常工作的重要内容，查处、纠正各类违章；奖惩并举，按照精神鼓励和物质奖励相结合、批评教育与经济问责相结合的原则，以奖惩为手段，以教育为目的；对反违章工作成绩突出的班组、个人应予以表彰和奖励。对人员行为规范、安全管理到位的作业现场可给予无违章现场奖励；对反违章工作开展不力、效果不好的班组以及发生违章行为的个人，应予以批评教育，并实行分级考核。

6. 违章的预防

企业应定期组织开展违章事件的预防工作，避免违章重复发生。预防形式包括但不限于以下内容：

（1）营造“遵章守纪、人人有责”的企业氛围，发动员工自行开展反违章工作的执行和监督，除对自己在工作中的行为负责外，同时有权纠正和制止各类违章行为。

（2）生产负责人应将反违章工作作为安全管理的重点工作，在日常工作中发现违章应及时纠正，问题严重的通报批评。

（3）利用安全月组织开展多种形式的反违章教育活动，如安全文化宣传、安全技能竞赛、反违章的专题调研和经验交流、安全知识培训与考试。

（4）开展反违章大讨论、技术培训等活动，邀请安全技术人员对运行操作中容易发生违章的行为进行讲解，纠正习惯性违章，提高运行人员的反违章意识和自我防护能力。

（5）利用安全活动日组织开展违章警示教育，分析原因、举一反三，防止违章现象重复发生。

第五节 设备缺陷管理

设备缺陷管理是为了及时发现并消除设备及系统存在的缺陷和隐患，不断提高设备健康水平，促进安全生产，充分发挥各级人员的管理职能和检修、运行的工作职能，做到职责明确，分工到位，从而保证设备安全稳定运行。

缺陷指生产设备、系统、设施及非生产设备设施，发生的偏离原设计或规范、标准的状态，影响安全环保、经济运行或设备正常备用及文明生产的异常现象；根据缺陷的严重程度，缺陷分为一类、二类、三类、四类缺陷。

一类缺陷指严重威胁重要设备安全运行及人身安全，或已经造成机组非正常停运或降负荷的重大缺陷，对外可影响环保指标须及时处理的重大缺陷；二类缺陷指暂不影响系统连续运行，对设备安全经济运行或人身安全有一定的威胁，继续发展亦将导致停止运行或损坏设备，不需停机以及必须停止重要设备运行才能消除的重大缺陷；三类缺陷指不需要停用重要设备或降出力就可以消除的设备缺陷，不影响重要设备正常运行的一般缺陷，经切换备用、切换系统即可及时消除的缺陷，以及不需停用或暂时停用设备即可及时消除的缺陷；四类缺陷指除一类、二类、三类缺陷以外，对环保设施的安全经济稳定运行不构成直接影响的设备设施缺陷或不符合现场安全文明标准化管理要求的缺陷。

一、运行岗位缺陷工作标准

运行岗位缺陷工作标准是为了实现整个缺陷管理过程的协调，提高工作质量和工作效率，对工作岗位所制定的标准。运行岗位缺陷工作标准是针对具体岗位制定，规定了生产人员在缺陷管理流程中的职责权限及各工作节点的定性要求。

运行各岗位缺陷工作标准见表 4-25。

表 4-25　　运行各岗位缺陷工作标准

序号	流程	工作节点	岗位分工			工作内容与要求
			主值	副值	值班员	
1	缺陷发现	发现缺陷	√	√	√	（1）巡检发现。 （2）执行调整、操作、试验中发现。 （3）经运行分析异常现象、参数等发现
			√	√		监盘发现
2	缺陷响应	（1）事故预想	√	√	√	根据缺陷发展情况，做好相关设备跳闸的事故预想，并制定和提前采取防范措施
		（2）采取措施（操作与调整）	√	√	√	（1）进行一般处理：经过隔离、停运设备以及倒换运行方式等处理方法，阻止缺陷势态继续扩大，同时根据实际危险情况布置临时隔离措施，把系统风险降到最低。 （2）进行事故处理：在确保人身、设备安全的前提下，进行处理事故，防止事故扩大；停运、隔离设备，加大盘前及就地监视力度，以解除对人身、设备的威胁，采取措施恢复或提高机组运行安全性及可靠性
		（3）通知与汇报	√	√		通知相关检修人员到场处理
			√			重要缺陷要联系相关运行专业人员协助处理
			√			将缺陷情况及严重程度汇报值长
		（4）缺陷录入	√	√	√	将缺陷录入“设备缺陷管理系统,”详细记录缺陷设备设施名称、部位、象征、缺陷等级、发现人、发现时间、被通知单位、通知时间、被通知人等
3	缺陷消除	（1）消缺配合	√			对失去备用和存在系统安全隐患的设备停役、复役申请进行审批
			√	√	√	按照工作票要求下令或布置安全措施
		（2）消缺工作许可	√			审核和办理工作票
			√	√	√	执行安全措施
			√	√		办理许可开工手续
		（3）缺陷跟踪	√	√	√	跟踪缺陷发展趋势：把设备缺陷纳入重点巡检内容，加大巡检和监视力度，跟踪缺陷变化趋势；当情况恶化时，及时采取措施控制影响范围，联系检修人员尽快消缺
			√	√	√	跟踪消缺过程：跟踪缺陷进度，备好操作票，消缺完毕后尽快恢复设备安全措施
4	缺陷验收与结束	（1）功能验收	√	√		检查工作票是否押回
			√	√	√	（1）检查消缺设备是否满足启动条件。 （2）将消缺后的设备投入运行，检查各项性能、参数等是否满足机组的需要；否则停运设备布置安全措施，继续修理

续表

序号	流程	工作节点	岗位分工			工作内容与要求
			主值	副值	值班员	
4	缺陷验收与结束	（2）文明生产验收	√	√	√	（1）检查消缺后的设备已处理完好，附件完整、标识齐全、现场清洁。 （2）现场验收合格后，在缺陷系统进行消缺提交
		（3）消缺工作票结束	√	√		办理工作票结束手续

注 “√”表示运行各岗位缺陷工作对应各生产人员的职责权限。

二、缺陷管理流程

1. 缺陷发现与响应

运行人员应通过巡检、监盘、调整、操作、试验、运行分析等方式发现缺陷；发现缺陷后，将缺陷录入缺陷系统，明确设备名称、缺陷位置、缺陷情况、缺陷分类、数据指标的变化等内容，及时通知检修专业；一、二类缺陷应汇报值长并通知到部门负责人；同时做好事故预想、风险辨识并采取防止缺陷进一步扩大危及设备安全运行的措施；录入系统的缺陷由检修专业进行鉴定，经鉴定发现填写错误、重复或不清楚的缺陷，运行班组需进行修改，如双方有疑义，可将缺陷提交申请专业专工再鉴定，直至鉴定完成。

工器具（包括电梯、行车、电动单轨吊、无齿锯、固定式砂轮机等，不包括手持式工器具）、试验仪表和检测仪器出现的缺陷，需要外委修理的要在规定时间内办理完外修申请单；设计变更、设计不合理项也应在缺陷管理系统中填写，部门组织讨论确定可行性及改造方案，按计划合理安排实施。

2. 缺陷消除与验收

（1）缺陷消除：运行班组根据主机机组负荷情况，优化调整系统运行方式，采取必要措施（如必要的切换操作，设备隔离，联系工作等）防止缺陷扩大，并积极配合检修人员进行消缺，涉及重要和主要设备运行过程中消缺时应有专门的安全技术方案及组织措施；检修班组做好工程、物资、措施等的准备工作，具备条件后办理许可开工手续进行消缺；缺陷消除质量要符合相关标准要求，消缺完毕后应做到工完料净场地清。

发生紧急缺陷时，检修人员应及时办理紧急抢修单，运行值班负责人第一时间组织运行人员隔离系统。在各项安全措施执行完毕后，检修人员组织进行抢修，并做好记录；若抢修时间超过4h的，抢修负责人必须补办工作票。

若发生因运行受限、检修受限、物资受限或技术难题等原因，在规定时间内没有消除的设备缺陷，由检修专业办理延期消缺申请，说明延期原因、消缺计划、缺陷消除前的风险评估和应采取的防范措施；延期只能申请一次，延期后仍不能在规定时间内完成的纳入未完成缺陷。

（2）缺陷验收。缺陷验收应具备的条件主要包括：缺陷已消除，工作现场临时安全措施已拆除，现场设备（设施）已恢复原貌，保温完好，杂物已清理干净，阀门手轮、标志牌、色环、色标、标志、标示等齐全，设备见本色，设备防腐完好，符合安全文明生产验收条件。文明生产标准化缺陷验收项目标准见表4-26。

表4-26　　文明生产标准化缺陷验收项目标准

序号	验收项目	验收标准
1	设备	无八漏、无明显积灰、积油、积垢；转动机械防护罩完好。“八漏”主要指漏汽、漏气、漏水、漏油、漏煤、漏粉、漏风、漏灰
2	油漆	设备（包括支架、钢梁、管线、法兰）外观完好见本色，油漆色彩均匀一致，无剥落，无锈蚀
3	安全设施	因检修工作需要而拆除的楼梯、围栅、格栅、栏杆、平台等装复且铺设平整完好，临时围栏已放回固定摆放点
4	脚手架	已拆除、脚手架构件已清运
5	检修杂物	包括检修物资、工器具、包装材料、废弃物、建筑垃圾、废旧保温、危险废弃物等已清理
6	现场标识、标牌	各固定限载标识牌、安全警示标识牌、设备阀门及建筑物标识命名牌以及色标、流向指示完好、清晰，无损坏、遗失
7	电气设施	接线整齐规范，电缆桥架、盖板整齐完好、固定牢固，电缆孔洞已封堵、电缆套管完好、无松动、脱落，可控制箱门锁完好、内部清洁，现场照明完好，检修电源完好，接地系统
8	沟道盖板	整齐完好，无垃圾杂物，无积水、无明显积灰、无积油、无污迹
9	建筑物墙面及地面	无破损、表面完好、无污渍斑块；无积灰、积水、积油及其他杂物
10	户外设备区域	无杂草、垃圾、杂物，场地平整
11	固定式消防设施	设施（控制盘、管道、烟探、温探、线探、氢探等）完好
12	保温	色泽一致，无污渍，无踩扁、无变形、弯曲等损坏痕迹
13	门窗	门禁系统完好，门窗清洁完好

工作负责人是设备缺陷消除后静态验收的责任人及组织者，运行值班人员是设备消缺工作结束、系统恢复、设备试运再鉴定及复役的责任者。

缺陷处理完毕后，检修专业提出验收申请，并填写检修交代，注明缺陷消除情况；一般缺陷，运行人员会同工作负责人就地验收，确认缺陷确已消除且符合文明生产验收标准，然后办理缺陷终结手续；二类及以上缺陷，运行人员会同工作负责人及检修专业负责人共同进行设备功能和文明生产验收；工器具及试验、检测仪器的缺陷，由工器具所在班组负责验收；验收结束后，运行人员详细填写验收信息，包括缺陷现象的消除情况和设备的运行状态，二类以上缺陷需在值班日志中写明消缺验收情况；缺陷验收不合格应将缺陷退回，并通知检修人员。

运行人员在接到缺陷验收申请后，及时到现场进行质量验收，做出质量评价，在验收栏签署意见；交接班期间，运行人员可交代给下一班人员进行验收；对于需要试运行观察的缺陷，应注明试运时间，可以暂不验收该缺陷，试运结束，运行人员给出验收意见；消缺设备投运后，运行人员做好设备状态跟踪监视工作，并与消缺前进行对比分析。

三、 缺陷统计与分析

运行专业应定期进行缺陷统计分析，借助统计指标的结果分析缺陷发生的趋势找出变化规律和特征，做出相应的运行调整，以达到减少缺陷发生，稳定系统运行的目的。

1. 缺陷统计

缺陷统计必须通过缺陷管理系统进行，缺陷统计内容一般包括缺陷发生数量、缺陷消除数量、重复缺陷数量。安全专业负责缺陷监督及考核，缺陷考核指标主要包括消缺率、重复缺陷、延期缺陷。

消缺率指在统计期间内消除的设备缺陷总数占该统计期间内设备缺陷总数的百分数，统计时段前遗留缺陷继续纳入当期统计；重复缺陷指在修后一定时间内再次发生同一设备、同一部位、同一原因的缺陷；延期缺陷指暂时不具备处理条件，需停主机、辅机、机组降负荷或等待备品等原因在规定时间内无法按时消除，需延长消缺期限的缺陷状态。

2. 缺陷分析

运行专业每月召开缺陷分析会，对缺陷管理进行分析，对存在的问题制定措施，并编制缺陷统计分析报告，报生产部门负责人审核，缺陷统计分析报告（示例）见附录G。对未消除缺陷进行缺陷状态评估，并制定运行防范措施，对遗留缺陷进行分析、汇总。

第五章 运行分析与绩效标准化管理

第一节 运行分析管理

运行分析管理工作主要指通过分析了解掌握系统运行情况，采取相应措施，以保证系统各项环保指标达标排放、系统安全经济运行。其中，运行分析指运行值班人员通过对设备状态、操作监视、异常现象和运行经济指标的完成情况等进行分析，及时发现和找出运行生产方面存在的问题及薄弱环节，有针对性地提出改进运行工作的措施和对策，不断提高安全经济运行水平的重要运行管理活动。

一、运行分析管理要求

运行分析要实行公司、专业、岗位三级运行分析制度，通过收集当前和历史的设备状态与运行参数，比较不同运行方式和操作方法的结果，用科学的方法及早发现缺陷和隐患，提出预防事故发生的措施，为优化运行、改进调整方法、制定检修计划提供依据，不断提高设备管理和运行技术水平。

运行分析要坚持科学、实事求是的态度，基础数据要求真实准确，数据的来源包括但不限于：DCS、运行日志、运行日报表、巡回检查记录表、专业档案、检修文件包等。分析工作要以解决问题为导向，提出的措施要具有可操作性，短期不能实现的措施应纳入项目公司工作规划，并以机组安全环保经济运行为目标，通过分析各项运行参数、运行状况，及早发现异常及事故隐患，提出预防事故发生的措施，为优化运行方式、改进调整办法和制定检修计划提供依据。重要的是运行分析应定期对分析工作进行效果分析、评价与改进，班组应定期整理各岗位分析材料，运行管理人员应定期对班组的分析材料进行检查、评价和总结。

企业应根据运行分析内容、形式，组织相关人员开展岗位、专业、专题和不安全事件的分析。

二、运行分析形式

1. 岗位分析

岗位分析指运行值班员在值班时间内对仪表指示、设备参数变化、报警及超限、设备异常和缺陷、操作异常以及各种危险点、危险源等情况进行分析。岗位分析的主要内容包括但不限于：

（1）设备运行参数偏离设计值或标准值情况。

（2）设备缺陷及异常情况。

（3）两票及班组重要操作。

（4）设备存在的隐患及应对措施。

（5）运行操作调整差错分析。

（6）小指标竞赛完成情况。

（7）不安全事件。

岗位分析应记录在运行分析记录本中，形成月度岗位分析报告，传阅学习，并将分析结论汇报班（值）长和运行专业技术人员。自行可以处理的，应及时调整和处理，使设备、系统保持正常运行状态，不能处理的，应通知相关检修部门处理并加强监控，以此来对岗位分析后的情况进行闭环落实。

2. 专业分析

专业分析指运行专业技术人员定期将运行记录整理后的统计分析，主要是对运行方式及影响系统安全、可靠、经济、环保等各种因素进行系统的分析，掌握系统发展变化趋势，指导运行调整。专业分析的主要内容包括但不限于：

（1）生产情况分析：对系统运行方式、设备状态、保护装置投入/退出情况、运行重要操作等进行的分析。

（2）节能分析：对主要经济指标环比、同比完成情况进行描述，并对电、水、脱硫剂、脱硝剂等对标指标完成情况进行综合分析。

（3）主要缺陷隐患分析：对系统缺陷隐患状况、采取的措施及措施执行效果进行的分析。

（4）环保分析：对系统环保设施运行状态、排放指标开展分析。

（5）技术监督分析：对化学、环保技术监督指标、技术监督项目及问题整改完成情况进行的分析。

（6）不安全事件（可靠性）分析：对本月异常报警（设备故障、跳闸、保护装置动作等）情况，简要分析原因、处理情况、防范措施、闭环情况等。

（7）编制重点工作计划，提出部门（专业）主要工作任务，明确工作重点。

专业分析应形成月度专业分析报告，专业技术人员负责将分析结论报告运行部门负责人和上级管理部门审阅；报告中制定的相应整改方案和措施，必须经相关人员审批后下发执行，并检查督促运行人员落实整改措施的执行，需检修配合的，应通知和督促检修人员整治。

3. 专题分析

专题分析指对影响系统安全性、经济性和可靠性问题的针对性分析，提出改进运行操作、加强运行管理的措施，并提出设备维修和改造建议。专题分析的主要内容包括但不限于：

（1）设备大修或技术改造前后的安全性和经济性。

（2）影响系统安全、经济运行的薄弱环节或疑难的设备缺陷。

（3）主要运行方式的变更及其他重大运行技术问题。

（4）运行参数严重偏离设计值或目标值。

专题分析后应编写专题分析报告，专题分析所确定的对策、方案、优化措施等，应明确落实责任人和完成时间，并注意分析对策落实后的效果，实施全过程管理。

4. 不安全事件分析

不安全事件分析指针对事故、障碍、异常及未遂进行的分析。

当发生事故、障碍、异常及未遂事件时，现场有关人员应立即向班组负责人、专业技术人员、部门负责人、企业生产领导报告。发生重伤和事故由企业生产领导组织分析、处理；发生轻伤和障碍，由部门负责人组织分析、处理；发生异常和未遂由班组负责人组织分析、处理。当事故、障碍、异常及未遂情况发生后，要从人员、设备、管理、环境等因素进行客观分析，及时对其经过、原因及责任进行分析，查找不足，并提出防范措施。不安全事件分析的流程原则上为：班组初步分析、专业审核完善、部门综合审核、企业生产领导审批。

三、运行分析方法

企业开展运行分析时，主要采用异常信号分析、故障象征分析、对比分析、检查判断分析等方法，以达到分析过程有理有据、分析效果真实准确的目的。具体运行分析方法见表5-1。

表5-1　　运行分析方法

序号	分析方法	主要内容
1	异常信号分析	根据DCS发出的光字报警、事故音响、开关状态指示（信号灯）的变化等现象对异常设备进行分析判断
2	故障象征分析	（1）对设备出现的异常声响、异味、变色、振动、温度、压力、电流及电压变化，结合故障引起的设备损坏情况进行分析。 （2）依据综合保护器、电动机保护器、故障录波器在发生故障时调取的信息进行分析、比较、判断
3	对比分析	（1）与规程、厂家技术说明书、设备铭牌中规定的参数对比分析。 （2）与同类型设备的数据差异对比分析。 （3）与历史数据对比变化规律推断分析。 （4）对多个表计参数指标的对比关系差异与突变量进行分析。 （5）定期工作、重大操作及运行方式改变后，对设备及系统各参数和运行情况进行对比分析
4	检查判断分析	（1）针对异常设备现场调查的表象，结合仪表、仪器测量数据进行综合分析。 （2）查明参数变化的实质与根源，判断故障的真实原因而进行分析

四、 运行分析步骤

企业开展运行分析内容应包含但不限于现象描述、原因分析、防范措施等，典型运行分析步骤如下：

（1）现象描述：对现场所发生的异常现象进行简要叙述，既突出重点，又不遗漏细节。

（2）检查判断：使用仪器仪表（万用表、试电笔、绝缘电阻表、测温测振仪等）进行现场测量检查，查阅资料，排查分析，找出初步原因。

（3）原因分析：对现场情况和设备状态进行调查，全面分析产生异常现象的可能原因。

（4）确定原因：综合分析、判断初步原因和可能原因，确定产生异常现象的主要原因。

（5）分析异常起因：从人的不安全行为、物的不安全状态、环境不安全因素和管理的不确定性进行分析，着重从人的主观因素查明起因。

（6）防范措施：根据异常现象起因，制定切实可行的防范措施。

（7）汇报处理：将分析内容按照标准要求进行上报，并落实整改、持续提高。

五、 运行分析评价与考核

（1）运行人员在运行分析过程中，应分析存在问题和不足、优化运行方式和提出运行调整改进建议。

（2）运行管理人员应每月定期收集各班组的运行分析进行检查、评价和总结，同时将评价后分析记录交运行人员传阅学习。

（3）运行部门负责人每月定期检查各岗位的运行分析，对于分析到位、发现设备异常及隐患、解决实际问题的运行分析，给予奖励；对于不切合实际，照搬照抄的运行分析，给予批评与考核。

（4）企业生产领导应定期对不安全事件分析制定的整改措施进行检查，完成闭环管理。

本章节所述的报告与记录见附录 H～附录 K。

第二节　运行台账资料管理

运行台账资料是反映运行管理整体情况的资料记录，包括各种记录、日志、日报、报表、分析等；更是确保运行工作有记录、运行管理可追溯、运行过程有监控的重要管理手段。标准台账资料的建立是加强运行专业基础管理，规范运行各岗位的管理的重要行为。

一、 运行台账类别

运行台账按照管理方式分为运行班组常规工作台账和运行专业管理台账。运行班组台账设置在控制室，每月由运行专工审阅、分析。运行专业台账设置在运行专工固定工作地点，以电子档形式或书面形式保存。

运行台账按功能分为工作台账、技术台账、培训台账、安全台账。工作台账主要包括主值日志、日报表、设备定期切换与试验记录、巡回检查记录等；技术台账主要包括运行规程、系统图、设备厂家技术资料、技术措施、预案、设备异动报告等；培训台账主要包括运行培训、技术讲课、技术问答、考问讲解及事故预想记录；安全台账主要包括班组安全生产目标责任书、安全宣传教育培训、学习、活动台账，事故应急预案和事故记录，不安全事件记录等。

二、管理要求

（1）运行管理台账应有完整清单，各种记录须及时、正确、详细、完整、实事求是。

（2）运行台账应进行定置管理，记录、台账、资料应按定置摆放整齐，使用后应及时放回原处。

（3）运行技术台账采取纸质或电子文档方式保存，纸版台账应每年更换一次；已使用过的各种记录纸应分门别类，按期汇总，并装订成册。由班组档案员进行台账整理，并移交班组负责人存档。

（4）不准在公用资料、图纸和各种记录台账上私自改动、乱做记号、擅作批语，不得损坏各种技术资料。

（5）各岗位书面资料、记录只能在现场查阅，不得外借。

（6）企业安全生产部负责人和运行专工应经常查阅资料、记录、台账的记录情况，对记录中存在问题应及时指出，督促改正。

（7）为便于现场管理，运行台账清单中包含的台账应设置在运行集控室，运行专业台账清单中包含的台账应设置在运行专工办公室。

三、填写要求

运行台账统一使用蓝黑墨水钢笔或碳素笔书写，禁止使用铅笔或圆珠笔，字迹应清晰工整，做到字不出格，提倡写仿宋体记录；台账记录不得随意涂改，涂改处应签名，以确保记录的完整性和追溯性。

（1）运行值班日志填写值班时间、值别、班次、值班员、运行参数、设备状态，详细记录。当班主要工作内容，至少包含如下信息：

1）pH值及密度对比、工器具及钥匙管理情况、巡检时间及结果。

2）工作票的办理、押回、终结（至少包含工作票编号、作业内容、负责人及变更信息），操作票的办理（至少包含操作票编号、作业内容及操作人），缺陷的下发与验收（至少包含缺陷编号）。

3）主要参数、设备、系统运行调整变化，运行调整操作指令及执行情况，接受的上级文件及通知，接受的化验分析报告。

4）CEMS 系统手动标定时间节点及原因，主要环保参数异常时间节点及原因；运行主值日志本填写完毕后应及时收回，次月初由班组档案员进行归类存档。

5）机组停备或检修期间，运行日志不得空白，应如实记录所辖区域设备的方式，保持运行日志记录的连续性；运行日志应依发生事件的时间顺序记录，准确记录各项事件的开始、发展与终了时间。

6）运行日志内容记录应翔实完整、言简意赅、实事求是、准确无误，不得弄虚作假。

（2）运行生产指标日报表应填写机组号、时间、值别、值班员、设备参数、参数限值；每 1～2h 记录一次设备参数并进行环比分析，发现异常及时汇报主值进行分析、调整。

（3）缺陷记录本：填写序号、缺陷编号、缺陷内容、发现时间、缺陷登记、发现人、接收人、消缺人、验收时间、验收人。巡检人员发现设备缺陷后必须汇报主值确认，由主值通知检修人员，检修人员与运行人员共同到场确认；必须清晰、准确记录缺陷内容，温度、振动、压力等参数要数据化；月初管理人员对设备缺陷记录本进行检查，签名并签注管理要求。

（4）设备定期切换与试验工作表：标注切换日期、执行人、监护人、延期原因及实际完成情况；开展设备切换必须办理操作票，操作票的填写和使用按照企业制定的《标准操作票使用指南》的要求填写，运行主值日志记录内容必须与设备切换工作表对应；延期切换必须记录原因，具备条件时必须及时完成，运行主值日志记录内容必须与设备切换工作表对应；不具备切换条件的必须注明原因，并制定相对应的防范措施，具备条件时必须及时完成，措施清单、运行主值日志记录内容必须与设备切换工作表对应；运行专工、安全生产部负责人应定期抽查，签名并签注管理要求。

（5）设备巡回检查记录按照企业制定的《标准巡检卡使用指南》的要求填写。

四、运行资料清单

企业生产管理部门会同运行部门每年应对运行台账的适宜性、有效性和执行情况进行检查，确定现行有效的运行台账清单，经企业负责人审批并公布。运行专业台账清单见表 5-2，运行班组台账清单见表 5-3。

表 5-2　运行专业台账清单

编号	文件盒名称	文件资料清单	存放地点
1	法律法规及规章制度	（1）国家和地方政府有关安全生产和环保的法律法规等清单及部分正文。 （2）特许运维事业部下发的安全生产管理标准、制度等	安全生产部
2	运行技术资料	（1）国家及行业标准、规范等。 （2）设计资料、技术协议、保护定值清单等资料。 （3）集团公司“二十五项反事故措施”等	安全生产部

续表

编号	文件盒名称	文件资料清单	存放地点
3	运行技术措施	迎峰度夏、防寒防冻、防误操作、防非正常停运、节日保电、特殊运行方式等技术措施	安全生产部
4	规程及系统图	安全操作规程、消防规程、运行规程、检修规程、系统图等	安全生产部
5	运行安全管理	（1）安全目标及保障措施、安全生产责任制。 （2）年度两措计划，两措费用使用台账及计划完成情况。两措计划是指反事故措施计划与安全技术劳动保护措施计划。 （3）安全工作总结及计划（如“安全月”活动总结，春、秋季安全大检查总结等）	安全生产部
6	两票三制管理	“两票三制”执行情况检查考核录等	安全生产部
7	运行培训管理	年度培训计划、月度培训考试成绩等	安全生产部
8	运行分析管理	月度运行分析、专题分析等	安全生产部
9	经济运行管理	生产对标、技术经济指标、能耗物耗预算、生产月报、运行优化措施等	安全生产部
10	小指标竞赛管理	月度小指标竞赛考评结果及分析	安全生产部
11	缺陷管理	月度缺陷统计、分析等	安全生产部
12	事故通报	安全事故通报文件学习签到	安全生产部
13	收发文	上级单位及分公司下发的文件	安全生产部

表 5-3　　运行班组台账清单

编号	文件盒名称	文件资料清单	存放地点
1	法律法规及规章制度	（1）国家和地方政府有关安全生产和环保的法律法规等清单及部分正文。 （2）特许运维事业部下发的安全生产管理标准、制度等	控制室
2	运行技术资料	（1）国家及行业标准、规范等。 （2）设计资料、技术协议、保护定值清单等资料。 （3）集团公司二十五项反事故措施等	控制室
3	运行技术措施	迎峰度夏、防寒防冻、防误操作、防非正常停运、节日保电、特殊运行方式等安全技术措施	控制室
4	规程及系统图	安全操作规程、消防规程、运行规程、检修规程、系统图等	控制室
5	班组建设	班组组织机构及各岗位职能，班委会、民主生活会、政治思想学习记录等，班组建设过程资料等	控制室
6	安全目标及保障措施	班组安全目标责任书、员工安全承诺书等	控制室
7	安全生产奖惩	（1）班组安全责任制及考核细则，安全生产奖惩申请及考核单。 （2）反违章档案、班组及上级单位违章通报等	控制室
8	安全培训记录	安全培训计划、培训课件、培训记录、签到表、考试成绩单、培训总结等	控制室

续表

编号	文件盒名称	文件资料清单	存放地点
9	安全检查及隐患排查记录	根据上级单位及项目公司要求开展的各类安全检查及隐患排查记录和整改闭环记录	控制室
10	消防管理	（1）消防安全管理组织机构及网络图。 （2）消防设施设备定期检查记录	控制室
11	风险分析预控	（1）员工人身安全风险分析预控本、典型作业人身安全风险防控措施汇编等。 （2）动火作业、有限空间作业气体检测记录危险源辨识清单。 （3）危险区域清单、作业安全风险数据库不可容许风险清单。 （4）劳保用品发放及检查记录	控制室
12	安全活动记录	（1）记录学习的事故通报、上级文件。 （2）记录发言人员的心得体会。 （3）记录参会人员的点评	控制室
13	事故预想记录	（1）存在的事故隐患或故障现象、原因。 （2）防止故障扩大或消除隐患采取的操作步骤、注意事项。 （3）对预控措施要有补充、有检查、有评价	控制室
14	应急管理档案	（1）应急预案。 （2）应急预案培训记录，应急预案演练记录、反事故演习记录等	控制室
15	班组考勤管理	考勤表、假条、调换班记录等	控制室
16	运行培训管理	培训计划，现场考问、技术讲解、技术问答、技术讲课、反事故演习等多种培训方式，培训考试成绩	控制室
17	工器具管理	工器具清单、工器具检查、检验记录、借用记录、运行劳动防护用品清单	控制室
18	急救药品管理	急救药品清单及检查记录	控制室
19	运行钥匙管理	钥匙借出登记、防误闭锁钥匙管理	控制室
20	重点场所进出登记	电子间、配电室进出登记；氨站、油库、危险化学品区域进出登记	控制室
21	两票管理	工作票、操作票登记本；两票的统计分析记录	控制室
22	已终结工作票	动火、热机、电气、热控工作票	控制室
23	未终结工作票	动火、热机、电气、热控工作	控制室
24	已执行操作票	电气、热机操作票，单项操作票	控制室
25	运行日报表	脱硫系统日报表、公用系统日报表等	控制室
26	班前班后会记录	班前安排、班后总结	控制室
27	定期切换与试验	设备定期切换记录、事故按钮试验记录、真空皮带机拉线开关试验记录等内容	控制室

续表

编号	文件盒名称	文件资料清单	存放地点
28	巡回检查记录本	烟气设施各区域标准巡检卡	控制室
29	运行分析管理	月度运行分析、岗位分析等	控制室
30	小指标竞赛	月度小指标竞赛明细	控制室
31	缺陷管理	缺陷登记本；缺陷分析等	控制室
32	环保装置启停记录	环保设施启停记录本	控制室
33	重大操作管理人员到岗记录	重大操作管理人员到岗记录本	控制室
34	保护投入、退出记录	保护投入、退出记录本	控制室
35	设备停送电联系单	设备停送电联系单	控制室
36	设备侧绝缘记录	设备侧绝缘记录本	控制室
37	接地线装拆记录	接地线装拆记录本	控制室
38	设备异动记录	设备异动申请、竣工报告、培训记录	控制室
39	临时用电管理	临时用电申请单	控制室
40	设备试运记录	修后设备试运记录本	控制室
41	检修交代	检修交代记录本	控制室
42	药剂添加记录	废水药剂及消泡剂添加登记本	控制室
43	事故通报	安全事故通报文件学习签到	控制室
44	收发文	上级单位及分公司下发的文件	控制室

第三节　运行绩效管理

运行绩效管理是对运行人员工作业绩进行准确的评价，以激发运行人员的工作积极性，提高企业生产安全、可靠、经济、环保运行水平，是实现企业可持续发展的有效管理方法。主要从环保绩效管理、小指标竞赛管理等方面对员工进行绩效评价。

一、环保绩效管理

为了加强烟气治理设施运行标准化过程管理，应开展以现场试验、现场调查为手段，科学、客观地评价烟气治理设施的运行水平和对污染物的控制水平，建立合理的评价方法，全面系统地查找和分析烟气治理设备设施存在的问题和隐患。

1. 环保绩效评价对象及内容

环保绩效综合评价是对全厂环境保护管理以及环保设施运行状况的环保指标和要素进行全面评价。

对于烟气治理设施的评价对象包括：脱硫设施、脱硝设施、除尘设施、废水处理设施、污染物在线监测设施、环保设施控制系统。

对于烟气治理设施的评价内容应包括：污染物排放水平和环保设施的运行状况、性能、影响因素及其健康状况。

2. 环保绩效评价指标

评价指标是针对污染物排放达标与总量控制状况，具体指标参照烟气治理设施整体性健康状况评价标准（见表5-4）。

3. 环保绩效评价方法（组织、方式）

环保绩效评价的工作形式包括企业自评价和专家评价：企业自评价要求按照制定的标准的要求，定期组织环保设施自评价工作。自评价每年宜不少于一次，也可根据企业实际情况，每月开展，年终根据每月绩效评价进行一次总结自评价；专家评价应根据各企业环境保护的工作情况，定期组织行业专家，按照制定标准的要求对所属企业实施专家评价，专家评价宜每两年一次。

4. 环保绩效评价分析

环保绩效评价分析应按照定量分析、定性分析和对比分析相结合的原则，通过资料分析、现场试验、现场检查等手段，参照烟气治理设施整体性健康状况评价标准（见表5-4）的条款，追溯企业每个月内各评价指标和评价期间环保设施的运行状况，对环境保护指标和各要素进行评价，用相对得分率来衡量火力发电厂污染物排放状况、环保设施的运行状况和环境保护工作状况。

表5-4　　烟气治理设施整体性健康状况评价标准

序号	评价指标	评价内容		评价依据/手段	基础分	扣分标准	扣分	备注
		整体性环境保护			100			
1	污染物排放达标与总量控制状况（60分）	（1）大气污染物	SO_2	对照《火电厂大气污染物排放标准》（GB 13223—2011）及地方环保要求，查阅环境监测、性能检测、在线监测等资料和数据	12	污染物排放全部达标，其中任一项不达标者，扣基础分的100％		
			NO_x		12			
			烟尘		12			
		（2）水污染物			15	废水各监测项目均达标，满分；一项污染物排放超标，扣除基础分的30％，扣完为止		
		（3）总量控制			9	SO_2、NO_x总量满足环保部门总量控制指标，满分；一项总量指标超标，扣基础分的50％		
2	环境保护管理体系（15分）	（1）制度与规程		对照《火电厂烟气治理设施运行管理技术规范》（HJ 2040—2014），查阅相关制度、标准、规程、规定等管理文件	4	应当建立环境保护责任制度，明确单位负责人和相关人员的责任。建立健全保障环保设施安全稳定运行的管理制度，制定完善的环保设施生产规程，形成企业标准，满分；否则，扣基础分的30％～70％		

续表

序号	评价指标	评价内容	评价依据/手段	基础分	扣分标准	扣分	备注
2	环境保护管理体系（15分）	（2）组织机构	对照《火电厂烟气治理设施运行管理技术规范》（HJ 2040—2014），查阅相关制度、标准、规程、规定等管理文件	3	建立了由主管厂级领导负责、各有关部门主管为成员的环境保护管理机构；建立健全企业环境监督员制度，并建立环保三级监督管理体系；至少应设置1名专职环保工程师，达到要求，满分；否则，扣基础分的30%～70%		
		（3）应急预案		3	制定企业突发环保事件及环境污染事故应急预案，并定期演练和记录备案，满分；否则，扣基础分的30%～70%		
		（4）人员培训		2	按照上岗培训和定期培训、内部培训和外部培训多种方式相结合的原则建立健全环保设施的运行、维护、检修和管理人员的培训机制，环保设施运行和管理人员接受基础理论培训和实际操作培训，满分；否则，扣基础分的30%～70%		
		（5）档案制度	对照《火电厂烟气治理设施运行管理技术规范》（HJ 2040—2014），查阅相关制度、标准、规程、规定等管理文件	1	根据环保要求建立规范的历史数据采集、存档、报送、备案制度，对运行数据、记录等相关资料保存时间满足环保要求，满分；否则，扣基础分的30%～70%		
		（6）考核机制		2	针对环保设施的具体特点，建立健全运行、维护和检修的岗位考核制度，包括考核指标、绩效考核办法、奖惩办法等，满分；否则，扣基础分的30%～70%		
3	环保设施的运行状况（25分）			25			
3.1	必要的环保设施（13分）	（1）低氮燃烧	对照相应的标准及环保要求，现场查看	1	设备投运率达到设计要求		
		（2）烟气脱硝		2			
		（3）烟气除尘		2			
		（4）烟气脱硫		2			

续表

序号	评价指标	评价内容	评价依据/手段	基础分	扣分标准	扣分	备注
3.1	必要的环保设施（13分）	（5）污水全过程处理	对照相应的标准及环保要求，现场查看	2	设备投运率达到设计要求		
		（6）灰场设管理站有效管理		2			
		（7）固体废弃物综合利用		2	综合利用率100%，满分；否则，按未利用比例扣基础分		
3.2	环境监测（7分）	（1）烟气在线监测装置	对照相应的标准及环保要求，查阅相关文件及现场查看	3	符合《火电厂烟气排放连续监测技术规范》（HJT 75—2001）要求，安装使用监测设备，保证监测设备正常运行，保存原始监测记录，满分；如有安装位置不满足要求、测量方式不能适应浓度范围、采样点不具有代表性等问题，扣基础分的30%～70%；不正常使用烟气在线监测系统，全部扣完		
		（2）环保设施控制系统		2	满足环保和工艺要求，满分；否则，扣基础分30%～70%；不正常使用DCS，全部扣完		
		（3）灰场地下水监测		1	达到设计要求，满分；否则，扣基础分的30%～70%		
		（4）排水监测		1	符合污水排放标准要求，满分；如有不符合项，一项扣除基础分的20%，扣完为止		
3.3	协同控制（5分）	（1）外部输入条件	查阅相关文件及现场查看	2.5	外部输入条件可控（如煤质、各设施入口浓度、吸收剂、还原剂品质等），满分；否则，扣基础分的30%～70%		

续表

序号	评价指标	评价内容	评价依据/手段	基础分	扣分标准	扣分	备注
3.3	协同控制（5分）	（2）匹配运行、相互适应、可靠性		2.5	各环保设施本体运行达标未对其他设施产生不利影响，相互匹配、可靠性高，满分；如出现机组燃烧不正常、大颗粒或结渣导致SCR堵塞，SCR氨逃逸，SO_2/SO_3转化率不达标，对后续设施产生不利影响（如空气预热器堵塞、除尘器沾污等），除尘器出口烟尘超标影响脱硫，脱硫除雾器带浆严重，石膏雨，除渣系统漏风对机组燃烧运行产生影响等问题，扣基础分的30%～70%		

二、 小指标竞赛

小指标竞赛指通过运行人员开展运行分析，优化运行方式，促进设备管理，以小指标管理保证全厂大指标的完成，为机组安全、稳定和经济运行奠定基础。

小指标包含脱硫、脱硝、除尘装置小指标。具体各装置小指标如下：

脱硫装置小指标主要包括：脱硫装置投运率、脱硫厂用电量、脱硫水耗量、脱硫剂耗量、SO_2小时浓度排放均值、吸收塔/AFT塔pH值、吸收塔/AFT塔浆液密度、石灰石浆液密度、石灰石浆液箱液位、除雾器压差、脱硫厂用电率、脱除单位SO_2电耗、脱除单位SO_2水耗、脱除单位SO_2脱硫剂耗量等。

脱硝装置小指标主要包括：脱硝装置投运率、脱硝厂用电率、脱硝还原剂耗量、脱硝水耗量、脱硝蒸汽耗量、NO_x小时浓度排放均值、氨逃逸率、脱除单位NO_x脱硝剂耗量等。

除尘装置小指标主要包括：除尘投运率、除尘厂用电率等。

1. 竞赛原则及要求

竞赛原则：运行小指标竞赛必须公平、公正，切实调动运行人员节能降耗、精心调整的主观能动性，提高系统经济运行水平。

竞赛要求：①小指标竞赛应在保证安全生产和环保达标的前提下进行，任何指标参数的调节和设置，必须在运行规程规定的范围内执行，如有违规，取消当值当月竞赛资格，并对造成的不安全事件负全部责任；②运行人员要从整体出发，统筹兼顾，避免片面追求某一单项指标而忽视整体效益；③指标的统计以交接班生产指标统计报表为准，以运行人员每月上报统计数据作为最终核算依据；④指标统计应真实反映项目公司生产实际状况，计量装置及表计应位置合理、数量充足、测量准确，统计、计算方法符合相关标准和规范要求。

2. 竞赛细则

（1）因运行操作原因导致出口 SO_2、NO_x、粉尘小时均值超标的，取消当值当月小指标竞赛资格。

（2）竞赛指标参数数据宜选用准确反映过程状态的实时测量数据，尽量实现自动计算，对于个别缺少在线测量手段的参数，可以采用离线分析、间接测量等方法获得，所有数据要具有可追溯性。

（3）运行交接班时进行考核数据抄录填写，由交班值统计当班考核数据，填写至交接班小指标统计报表中，接班值监督核查。

（4）运行小指标竞赛应以每个自然月为一个周期，统计数据为机组并网发电期间数据，特殊工况以及机组启停过程中的异常指标不做统计，其余按小指标竞赛考核标准，小指标竞赛统计排名表，小指标竞赛奖励分配调整系数执行。

3. 竞赛指标核算与激励

竞赛指标核算：每月由运行班长核算各值小指标完成情况，每项指标按考核标准评分，最后汇总综合得分，若月度综合得分相同，以厂用电率指标得分高者为先。小指标统计以各值当月所有班次数据统计值进行核算，异常参数及时提交运行班长核实处理；采取不正常手段进行小指标调整、数据造假、恶意竞争的，取消当事人所在值当月竞赛资格。运行班长完成上月小指标竞赛的核算排名，并公示三天；竞赛结果公示后报运行专工审核、公司负责人审批后发布。

竞赛指标激励：公司给予运行小指标竞赛专项奖励。在运行分析报告中，对小指标竞赛活动完成情况进行总结，以推广先进经验。

小指标竞赛考核标准（参考）见表5-5，小指标竞赛统计排名表（参考）见表5-6，小指标竞赛奖励分配调整系数（参考）见表5-7。

表5-5　　小指标竞赛考核标准（参考）

<table>
<tr><th>序号</th><th>指标名称</th><th>单位</th><th>标准值</th><th>基准分</th><th>考核标准</th></tr>
<tr><td>1</td><td>SO_2</td><td>mg/m^2</td><td>35</td><td>10</td><td rowspan="3">可根据各地区实际控制需求，确定标准值。非运行操作原因导致小时均值超标排放的，扣5分/次</td></tr>
<tr><td>2</td><td>NO_x</td><td>mg/m^2</td><td>50</td><td>10</td></tr>
<tr><td>3</td><td>烟尘</td><td>mg/m^2</td><td>10</td><td>10</td></tr>
<tr><td>4</td><td>脱硫厂用电率</td><td>%</td><td>上年度平均值</td><td>10</td><td>每增减0.01%，减增1分</td></tr>
<tr><td>5</td><td>脱除单位SO_2脱硫剂耗量</td><td>kg/kg</td><td>1.79</td><td>10</td><td>每增减0.01kg/kg，减增1分</td></tr>
<tr><td>6</td><td>脱除单位NO_x脱硝剂耗量</td><td>kg/kg</td><td>上年度平均值</td><td>10</td><td>每增减0.01kg/kg，减增1分</td></tr>
<tr><td>7</td><td>脱除单位SO_2电耗</td><td>kWh/kg</td><td>上年度平均值</td><td>10</td><td>每增减0.01kWh/kg，减增0.5分</td></tr>
</table>

续表

序号	指标名称	单位	标准值	基准分	考核标准
8	脱除单位 SO_2 水耗	kg/kg	上年度平均值	10	每增减 0.01kg/kg，减增 0.2 分
9	吸收塔浆液 pH 值		4.5～5.5	5	超标扣 0.5 分/次
10	AFT 塔浆液 pH 值		5.5～6.5	5	超标扣 0.5 分/次
11	吸收塔浆液密度	kg/m^3	1080～1160	5	超标扣 0.5 分/次
12	AFT 塔浆液密度	kg/m^3	1030～1070	5	超标扣 0.5 分/次
13	石灰石浆液密度	kg/m^3	1180～1250	5	超标扣 0.5 分/次
14	除尘厂用电率	%	上年度平均值	5	超标扣 0.5 分/次
…	……				

注　小指标设置、基准分值和考核标准仅供参考，可根据实际情况调整。

表 5-6　　小指标竞赛统计排名表（参考）

考核标准				一值		二值		……	
指标名称	单位	标准值	基准分	完成值	实得分	完成值	实得分	完成值	实得分
SO_2	mg/m^2	35	10						
NO_x	mg/m^2	50	10						
烟尘	mg/m^2	5	10						
脱硫厂用电率	%	上年度平均值	10						
单位 SO_2 脱硫剂	kg/kg	1.79	10						
单位 NO_x 脱硝剂	kg/kg	上年度平均值	10						
单位 SO_2 电耗	kWh/kg	上年度平均值	10						
单位 SO_2 水耗	kg/kg	上年度平均值	10						
吸收塔浆液 pH 值		4.5～5.5	5						
AFT 塔浆液 pH 值		5.5～6.5	5						
吸收塔浆液密度	kg/m^3	1080～1160	5						
AFT 塔浆液密度	kg/m^3	1030～1070	5						
石灰石浆液密度	kg/m^3	1180～1250	5						
…									
总分									
名次									

表 5-7　　小指标竞赛奖励分配调整系数（参考）

奖励额度调整系数					
在公司月度绩效考核名次	前三名	…	平均	…	倒数前三名
系数	1.4	1.2	1.0	0.8	0.6

岗位分配系数			
岗位	主值班员	副值班员	值班员
系数	0.3～0.5	0.2～0.4	0.1～0.3

三、生产对标管理

生产对标管理指通过对标管理，把环保治理设施的目光瞄准业界最高水平，明确自身与业界最优的差距，从而指明工作的总体方向。生产对标管理通过加强生产经营指标管理，从而全面提升环保设施运营管理水平，确保年度生产经营目标的顺利完成。

1. 对标管理责任制

建立健全生产经营指标对标管理体系；组织落实生产经营指标对标管理工作，协调对标管理相关问题；审核、批准企业上报的对标方案和计划；审核企业生产经营指标对标数据报表及分析总结，并将对标情况定期公布；监督、考核生产经营指标对标管理工作。

2. 生产经营指标体系

生产经营指标体系包括生产经营指标，确立标杆指标和对标管理措施。

生产经营指标主要包括：机组有效利用小时、脱硫/脱硝效率、脱硫装置投运率、脱硫石膏石灰石比值、脱硫副产物综合利用率、脱硫/脱硝厂用电率、脱硫/脱硝剂消耗率、脱硫/脱硝水耗率、脱硫废水处理率、脱硫度电变动成本、脱硫度电利润、除尘厂用电率等。

确立标杆指标：企业可以按照各自脱硫装置设计数据和运行现状，通过对环保设施生产经营指标历史数据分析总结，确定本公司各项指标先进值，从而确定本公司每项生产经营对标指标的标杆指标；根据各公司标杆指标，参照烟气治理装置生产经营整体情况，进一步确定不同规模机组容量不同设备配置脱硫装置的标杆指标；进而制定对标计划，落实管理措施，不断提升管理水平。

对标管理措施：环保设施按照目前实际运行现状，查找各项生产经营指标与设计值、先进值的差距；参照各企业对标信息，将本公司的实际指标、标杆指标和同类型烟气治理设施指标先进项目进行比较，查找在管理措施、技术保障等方面存在的差距和问题，制定并落实整改措施持续改进工作；根据对标工作的开展情况，在月度经济分析会分析月度环保设施指标现状和问题，不断总结、动态调整指标体系和标杆指标，全面提升生产经营管理水平。

3. 生产经营指标体系管理要求

生产经营指标体系管理要求包括制定定期分析制度，建立对标管理台账和指标管理。

制定环保设施生产经营指标定期分析制度，开展生产指标定期分析活动，推行生产小指标竞赛，细化生产经营指标管理，加强指标考核管理。提升安全管理水平，落实安全生产目标；优化脱硫装置运行方式，提高运行管理水平。

建立生产经营指标对标管理台账，内容包括对标工作的报表（参考生产经营指标对标计划表见表 5-8、生产经营指标对标数据表见表 5-9）、活动记录、分析总结等；对标工作的分析总结主要包括：指标完成情况、影响指标完成的重要因素及存在问题、为改善指标所进行的工作及效果，同时对小指标竞赛完成情况及所实施的工作效果进行分析说明。

指标管理要做到以下几点：①真实准确，各项生产经营指标应真实、准确反映企业生产运营管理水平；②量化可比，生产经营指标应量化可比、可操作性强；③闭环控制，以指标找差距，以差距查管理，以管理促提高，形成闭环；④动态调整，通过不断完善管理标准，动态调整指标体系、阶段目标，逐步达到对标工作的科学、严谨、合理、完善；⑤奖惩管理，制定生产经营指标对标管理奖惩制度，按照以责论处原则进行奖惩管理。

表 5-8　　生产经营指标对标计划表

机组有效利用小时（h）	设计值	标杆值	上年年度完成值	当年年度目标值	第二年度目标值	第三年度目标值
脱硫效率（%）	设计值	标杆值	上年年度完成值	当年年度目标值	第二年度目标值	第三年度目标值
脱硝效率（%）	设计值	标杆值	上年年度完成值	当年年度目标值	第二年度目标值	第三年度目标值
脱硫装置投运率（%）	设计值	标杆值	上年年度完成值	当年年度目标值	第二年度目标值	第三年度目标值
脱硝装置投运率（%）	设计值	标杆值	上年年度完成值	当年年度目标值	第二年度目标值	第三年度目标值
脱硫石膏石灰石比值	设计值	标杆值	上年年度完成值	当年年度目标值	第二年度目标值	第三年度目标值
脱硫副产物综合利用率（%）	设计值	标杆值	上年年度完成值	当年年度目标值	第二年度目标值	第三年度目标值
脱硫废水处理率［g/(kW·h)］	设计值	标杆值	上年年度完成值	当年年度目标值	第二年度目标值	第三年度目标值
脱硫厂用电率（%）	设计值	标杆值	上年年度完成值	当年年度目标值	第二年度目标值	第三年度目标值
脱硝厂用电率（%）	设计值	标杆值	上年年度完成值	当年年度目标值	第二年度目标值	第三年度目标值
脱硫剂消耗率［g/(kW·h)］	设计值	标杆值	上年年度完成值	当年年度目标值	第二年度目标值	第三年度目标值
脱硝剂消耗率［g/(kW·h)］	设计值	标杆值	上年年度完成值	当年年度目标值	第二年度目标值	第三年度目标值
脱硫水耗率［g/(kW·h)］	设计值	标杆值	上年年度完成值	当年年度目标值	第二年度目标值	第三年度目标值
除尘厂用电率（%）	设计值	标杆值	上年年度完成值	当年年度目标值	第二年度目标值	第三年度目标值

综上所述，对标管理是提高企业管理水平，实现自我提高的一种管理模式。目前第三

表 5-9　　生产经营指标对标数据表

项目	单位	月计划目标值	1号机月累	1号机年累	2号机月累	2号机年累	全厂月累	全厂年累
机组有效利用小时	h							
脱硫效率	%							
脱硫装置投运率	%							
脱硫石膏石灰石比值	—							
脱硫副产物综合利用率	%							
脱硫废水处理率	g/(kW·h)							
脱硫厂用电率	%							
脱硫剂消耗率	g/(kW·h)							
脱硫水耗率	g/(kW·h)							
除尘厂用电率	%							

方对标已开展多年，在行业对标标准发布后，并且应进行同行业或企业之间横向对标，从而改进、完善对标管理，提高与标准和行业管理契合度。

第四节　教育培训管理

教育培训主要指企业为了满足自身发展的人才需求，逐步走向规范化、标准化的发展之路，而对企业内部的员工进行有计划、有目的的培养和教育活动，其目的是让员工掌握新知识、新技能，提高员工对企业的认同感和向心力，提高员工的工作能力和水平。

一、 新员工入职培训

新员工（指企业新入职员工、新建项目人员、外委长协劳务人员）在正式上岗以前，须按培训顺序经过入厂三级安全教育、见习培训、集中讲课三个培训步骤。通过对新员工的岗前培训使其达到具备就地操作、控制装置和倒闸操作能力；具备根据就地表计数据分析，判断设备、系统运行状况的能力；熟悉机组系统设备规范、特性及安装位置，掌握操作要领及检查项目，巡回检查时能及时发现设备异常和缺陷，能进行各种表计的记录和计算工作；熟悉集中控制系统各主画面的功能含义，能正确理解和执行值班员的操作命令，并能协助值班员进行正常监视、调整和事故处理；会报火警，会组织疏散逃生，会使用消防器材，会扑救初起火灾。

1. 三级安全教育

三级安全教育指公司（厂）级安全教育、部门（车间）级安全教育和班组级安全教育。

（1）公司（厂）级教育内容：①讲解劳动保护的意义、任务、内容和其重要性，使新入厂的员工树立起“安全第一”和“安全生产人人有责”的思想；②介绍企业的安全概况，包括企业安全工作发展史，企业文化及生产特点，工厂设备分布情况（重点介绍接近要害部位、特殊设备的注意事项），工厂安全生产的组织；③介绍国务院颁发的《全国职工守则》《中华人民共和国劳动法》《中华人民共和国劳动合同法》《中华人民共和国环境保护法》《安全生产法》和《电业安全工作规程》《电力设备典型消防规程》有关部分以及企业执行的超低排放标准限值、设置的各种警告标志和信号装置等；④对新入职员工进行安全事故教育培训，培训内容包括公司及同行业发生的各类人身设备安全事故和设备、障碍、异常等通报；⑤经公司（厂）级安规考试合格后进行部门（车间）级安全教育。

（2）部门（车间）级安全教育内容：①生产工艺流程及其特点，部门人员结构、安全生产组织状况及活动情况，现场危险区域、有毒有害工种情况，劳动保护方面的规章制度和对劳动保护用品的穿戴要求和注意事项根据作业特点介绍安全技术基础知识；②介绍现场防火知识，现场易燃易爆品的情况，防火的要害部位及防火的特殊需要，消防用品放置地点，灭火器性能、使用方法，遇到火险如何处理等；③经部门（车间）级安规考试合格后进行班组级安全教育。

（3）班组级安全教育内容：①各班组的生产特点、作业环境、危险区域、设备状况、消防设施、注意事项、安全防护等；②讲解本工种的安全操作规程和岗位责任，重点讲思想上应时刻重视安全生产，自觉遵守安全操作规程，不违章作业；爱护和正确使用机器设备和工具；③介绍各种安全活动以及作业环境的安全检查和班组相关制度；④对本工种进行安全操作示范，并经班组级安规考试合格。

2. 见习培训

见习培训：①新员工到具体的运行岗位上进行见习培训，专业班组应指定一名经验丰富的在岗员工为其培训责任人，一般见习期为一年，并签订师徒培训合同，制订详细的培训内容、计划；②培训期间，培训责任人有义务帮助徒弟逐步掌握本岗位主要系统流程、专业规程、相关制度、基本岗位技能等；新员工见习培训期间还可经班长或专业技术人员（专工）批准，准许在有经验的操作人员监护下逐步进行一些简单的操作工作；③见习期满后，通过考核确定最终的工作岗位。

3. 集中讲课培训

集中讲课培训内容主要在见习培训当中穿插进行。新员工集中到部门，由专业技术人员（专工）进行授课及现场讲解，内容主要为现场设备的基本操作技巧，设备原理及系统的特点介绍等，以帮助培训人员更好地熟悉、掌握现场的设备操作。

二、在岗培训

运行专业技术人员（专工）每年年末对运行人员下发培训需求表，征求员工培训意见；在次年年初，也根据在岗运行人员的实际情况和人员结构，负责制定出本公司运行专业下一年年度培训计划并分解到月。年初制定的培训计划，培训内容、培训方式应包括但不限于以下几个方面类型：

（1）在岗常规培训。

（2）仿真机培训。

（3）安全规程、运行规程考试安排。

（4）反事故演习等。

实际生产过程中宜结合设备异常运行工况制定的技术措施等内容，及时调整或增加年度在岗培训计划的内容。

建立员工培训档案，做好各项培训记录。培训内容与频次（不限于此）见表5-10。

表5-10　培训内容与频次

序号	培训类型	培训形式	组织单位	培训内容	培训频次
1	安全学习	集中学习	班组	学习安全信息或安全知识（安全规程、其他发电企业的事故案例以及安全用电、现场急救、消防灭火等）	每轮值一次
				分析安全隐患、不安全事件，学习事故通报，并制订防范措施	
				交流安全经验或心得体会	
2	技术问答	笔试	班组	班组培训员出题，题目必须是安全知识或业务技能知识的问题	每轮值一次
				培训员要对答题内容进行客观评价	
				回答错误或不全面时，要向答题人进行讲解，直至答题人掌握为止	
3	技术讲课	授课	部门	讲课人由部门专业技术人员或业务水平高、运行经验丰富的班组人员担任，也可是邀请的继保、热控、脱硫、脱硝等专业人员	每月一次
				讲课内容以运行规程、系统图、热工逻辑、设备性能原理、运行操作要点、事故案例分析、应急处理等为主	
4	考问讲解	口试	班组	由值长（班长）或班组培训员对班组人员进行现场随机口试和讲解	每月每人至少考问一次
				重点考问安全知识、专业技术、系统流程、设备原理等	
				考问人要对答题人的回答作如实、客观的评价	
				答题人回答不正确、不全面时，考问人要给予及时的讲解和补充，确保答题人领会、掌握	
5	业务考试	笔试	部门	考试题目要贴近生产现场实际、贴近培训的专题知识、贴近现场应急工况的综合分析处理	每季度一次
				每季至少组织一次涉及运行规程、系统图及安全规程考试，安规考试80分及格，不及格者下岗一个月，补考仍不及格者，待岗处理。运行规程系统图考试不及格者不准上岗。连续不及格者，降岗使用	
				根据考试成绩，分析运行人员业务技能的薄弱环节，制订针对性的培训方案	

续表

序号	培训类型	培训形式	组织单位	培训内容	培训频次
6	专题培训	授课	部门	要对运行人员的培训需求、薄弱环节进行调研	不定期
				不拘泥于形式，注重实效	
				重点对设备工作原理、启停操作、巡回检查、保护配置、热工逻辑、应急处理、设备异动等进行专题培训	
7	仿真机培训	演练	部门	演练以机组启停操作和应急处理为主	每季度一次
				主值负责主要应急处理操作，副值进行辅助调整并根据主值命令协助处理	
				由培训员对演练进行评价	
				运行值班员及以上人员正式上岗前，必须经仿真机培训考试考评，取得合格证书	
				运行值班员及以上人员仿真机上机培训不少于30h/年	
				仿真机培训主管部门应加强仿真机维护，使之接近机组的实际特性，并安排合格技术人员担任教练员，同时应将运行人员仿真机培训情况记入培训档案	
8	书面事故预想	笔试	班组	班组培训员随机书面命题（根据现场设备缺陷、特殊运行方式以及季节变化等可能出现的应急或事故）	每月一次
				答题人要详细描述应急或事故象征、原因、处理步骤、安全注意事项等内容	
				每月次数不少于班组人数的50%	
9	监盘事故预想	台账记录	班组	机组在正常运行工况下，监盘人员或执行定期工作时应当提前做好必要的风险分析，对机组可能出现的常见异常问题及发生的设备缺陷等异常情况，以及出现问题的原因、事故象征、处理方法等提前思考并做好应对准备	以机组为单位每班一次
10	反事故演习	模拟	公司	现场应急预案［脱硝氨区液氨泄漏专项应急预案、防大雾天气专项应急预案、火灾事故专项应急预案、全厂停电事故专项应急预案、防汛专项应急预案、防雨雪冰冻天气专项应急预案、设备事故专项应急预案、石灰石（粉）供应协调专项应急预案、人身伤亡事故专项应急预案等］	每年一次
			部门	现场应急处置方案（人身触电伤亡现场应急处置方案、电缆着火现场应急处置方案、磨机润滑油站系统着火现场应急处置方案、工艺水/工业水供水中断应急处置方案、脱硫浆液循环泵膨胀节爆裂现场应急处置方案等）	每季度一次
			部门	临时演习方案（根据设备缺陷、特殊运行方式、季节变化等临时拟定的演习方案）	临时
				演习结束后，应对演习进行总结评价，针对演习过程中暴露的问题，提出改进措施并做好记录	

三、 岗位技能培训

岗位技能培训是根据岗位工作要求，对各类人员进行岗位操作培训和适应性培训。岗位技能培训须严格按照“学用一致、按需施教”的原则，面向实践、注重实际能力的提高。岗位技能培训包括管理岗位、专业技术人员的管理能力、技术水平的培训，生产岗位员工的岗位技能和应用能力的培训。运行人员须达到“三熟三能”的要求，并不断提高技术水平。其中“三熟”指：熟悉设备、系统和基本原理；熟悉操作和事故处理；熟悉本岗位的规程制度。“三能”指：能正确地进行操作和分析运行状态；能及时发现和排除故障；能掌握一般的维修技能。运行岗位技能培训一般为理论培训和实操培训等。

理论培训形式主要分为企业内训与外部培训相结合的方式开展，注重基础、专业知识的快速提升，培训周期短、重点突出；实操培训形式丰富多样，企业可根据自身实际情况开展，如：开展仿真机技术比武活动、开展“金牌巡检员”活动、反事故演练等。

四、 岗位资格培训

岗位资格培训指根据各企业内部岗位设置及实际情况，开展外部、内部的资格培训。其中，外部资格培训，按照行业规范要求参加职业技能鉴定培训并考核合格后发放资格证书；内部资格培训按照不同岗位开展培训工作。下面以运行值班员、运行副值、运行主值、运行班长、化验员等岗位分别进行介绍。

1. 运行值班员培训

运行值班员的培训期限至少为一个月，在完成专业培训的各项内容并通过专业培训的各种考试之后，即取得从事本职工作的资格，根据值内人员情况，安排从事值班员工作。运行值班员的培训必须有专门的培训责任人负责落实，担任培训责任人的条件为必须在该巡检岗位任职满一年及以上。巡检具体的培训内容和要求，按照“运行值班员岗位培训”（见表5-11）执行。

2. 运行副值培训

运行副值培训责任人为主值或顶岗一年以上的运行副值，培训期限至少为一个月。员工在巡检岗位顶岗一年后，且运行副值培训结束经考试合格后，方能具备运行副值岗位竞聘资格。副值岗位具体的培训内容和要求，按照“运行副值岗位培训”（见表5-11）执行。

3. 运行主值培训

培训责任人必须是班长或顶岗一年以上的运行主值，培训期限至少为一个月。员工在运行副值顶岗一年后，且运行主值培训结束经考试合格后，才具备主值岗位竞聘资格。运行主值岗位具体的培训内容和要求，按照“运行主值岗位培训”（见表5-11）执行。

4. 运行班长培训

班长的人选，在主值岗位上顶岗满一年，由专工及以上岗位人员担任培训责任人。班长岗位具体的培训内容和要求，按照“运行班长岗位培训”（见表5-11）执行。

5. 化验员培训

化验员培训责任人为顶岗一年以上的化验员，培训期限半个月。通过培训，化验员应全面掌握本岗位的所有化验方法，并经考试合格后，具备化验员的上岗资格。化验员岗位具体的培训内容和要求，按照“化验员岗位培训”（见表5-11）执行。

表5-11　　各岗位资格培训（包括但不限于以下内容）

序号	岗位	培训内容	培训要求	建议培训学时	备注
1	运行值班员	（1）烟风系统。 （2）吸收塔系统。 （3）石灰石制浆系统。 （4）一、二级脱水系统。 （5）工艺水系统。 （6）排空系统。 （7）废水系统。 （8）电气系统。 （9）热控系统。 （10）除灰系统、空气压缩机系统。 （11）设备介绍、现场设备讲解。 （12）操作培训、工作票操作票制度讲解。 （13）停送电操作。 （14）脱硝基本知识及工艺流程。 （15）运行管理制度	掌握各系统的作用、流程；主要设备、阀门的就地位置、结构特点，能根据仪表的指示来正确判断设备的运行情况，能进行一般异常处理；熟记各相应工况下就地主要参数值（正常运行），了解相应运行参数变化对该系统及相邻系统的影响	380	
2	运行副值	（1）脱硫、脱硝、除灰及空气压缩机等系统流程。 （2）主要设备原理、作用。 （3）热控联锁保护。 （4）电气基础知识、定值管理及停送电操作。 （5）化验基础知识、脱硫装置。 （6）脱硫装置、脱硝装置、除灰及空气压缩机系的启动及停止操作脱硫装置各种事故处理。 （7）运行参数调整。 （8）运行管理制度	掌握脱硫装置运行的基本操作和事故处理，了解工艺原理及系统流程，熟悉各项运行参数对脱硫装置经济性的影响，了解电气各段所带设备及切换原理、方法；能独立进行脱硫装置、脱硝装置、除灰及空气压缩机工况调整和事故处理；能根据现象判断出一般的设备缺陷和故障并独立处理设备异常；能做好日报表的统计分析，并掌握有关的仪表、保护配置、有关联锁内容及作用	120	
3	运行主值	（1）脱硫、脱硝、除灰及空气压缩机等系统流程、原理。 （2）主要设备原理、作用。 （3）热控联锁保护。 （4）电气基础知识、定值管理及停送电操作。 （5）化验基础知识。 （6）脱硫装置典型事故处理。 （7）运行参数调整。 （8）运行管理制度	熟悉脱硫、脱硝、除灰、空气压缩机等系统设备，掌握脱硫、脱硝装置运行的基本操作和事故处理，了解工艺原理及系统流程，熟悉各项运行参数对脱硫装置安全经济性的影响，了解电气各段所带设备及切换原理、方法，并掌握有关的仪表、保护配置，有关联锁内容及作用	120	

续表

序号	岗位	培训内容	培训要求	建议培训学时	备注
4	运行班长	（1）脱硫装置、脱硝装置、除灰及空气压缩机系统机组启停的指挥。 （2）运行方式操作、试验操作及重大事故处理的指挥。 （3）异常运行工况下，合理的运行方式及相应事故预想布置。 （4）脱硫、脱硝装置、除灰及空气压缩机系统设备试验、试转工作的组织及安全措施布置。 （5）检修工作票安全措施的审核及布置。 （6）设备缺陷的分级管理和缺陷处理流程跟踪。 （7）各方面关系（包括与检修、下属岗位、专业专工等的关系）的处理、沟通协调。 （8）班组管理能力，包括安全管理、培训和班组内部考核等方面内容。 （9）有关安全生产管理方面的规章制度等内容	熟悉脱硫装置、脱硝装置、除灰及空气压缩机系统所有设备的构造、系统流程和工作原理；熟悉各种异常运行所产生的不良后果，并能采取相应对策；熟悉技术监督的有关条例；能正确指挥处理各种异常事故；能领导下属岗位运行人员正常开展班组的日常工作；能布置和做好各项检修工作的安全措施以及检修后设备的试转、试验和验收工作；掌握各系统之间的相互关联及制约关系；熟悉其他相关系统的性能、原理、运行方式对脱硫装置正常运行的影响	96	
5	化验员	（1）《化学实验制度》。 （2）所用分析仪器、仪表的原理、使用和维护方法。 （3）药品辨别、存放及废弃药品处置方法。 （4）脱硫工艺原理、系统流程、设备熟悉。 （5）生产化验指标、化验方法及问题分析。 （6）化验反事故措施	熟悉脱硫工艺原理及系统流程；熟知化验所有化验的控制指标；熟知化学专业使用的各种水处理材料、药品的物理和化学性能；熟知强酸、强碱等化工产品的安全使用和保管知识；熟知安全用电知识和中毒、烧伤、触电等紧急救护知识；熟知相关气体的物理、化学性质、使用时的安全技术措施及运行监督中的主要监测指标；熟知各项指标化验仪器及加药处理的详细流程、特点以及药剂的物理、化学性能及使用操作方法	120	

第六章 运行标准化管理评价与改进

烟气治理设施运行标准化管理效果评价是在标准化管理的措施制定、落实执行及管理成效等方面，获取真实、客观、准确的信息，发现标准化管理工作中存在的问题与差距，总结经验、吸取教训，进行运行标准化管理的完善与演进，进而实现提升烟气治理设施运行标准化管理水平、提高工作质量的目的。

烟气治理设施运行标准化管理效果的评价重点在标准化管理体系的有效性评价，同时兼顾运行基础管理、生产指标管理、运行技术管理、化验管理等标准化管理效果的体现，管理水平则是系统安全且经济运行的重要保证。

本章内容以国能龙源环保有限公司在脱硫运行标准化管理效果评价方面的做法与经验为例，介绍烟气治理设施运行标准化管理全过程评价，供相关企业借鉴参考，取长补短。

第一节 评价原则及程序

一、评价原则

评价原则指通过对运行标准化管理体系的有效性检查、指标评价与管理评价等查评手段，客观、综合地评价烟气治理设施运行标准化管理水平。

（1）开展全过程、全方位的效果评价。开展全过程、全方位的效果评价指覆盖缺陷管理、两票三制、经济运行、运行分析、技术管理、化验等各个流程环节，包含运行的安全、质量、技术经济指标完成情况等各个方面。

（2）评价指标力求精简，尽可能删除一些无显著效应的指标，要求重点突出，条理清晰，层次分明。

（3）评价指标的设置应易于获取数据和查阅资料，有较强的可评价性，各项指标应能够反映烟气治理设施运行标准化管理的真实水平。

（4）评价的时间应日常随机抽查，以及每半年/一年进行一次全覆盖检查。为便于诊断发现运行过程管理的问题，效果评价不仅在整体覆盖检查后进行评价，在历次抽查过程后也应进行评价，以保证评价的真实性、有效性和公平性。

（5）采用自我评价与专家评价相结合（多采用自我评价为主、专家评价为辅）的方式。自我评价的优势在于可以更全面地依据掌握的数据和资料，深入挖掘目前管理模式的优缺点和运行中存在的问题，提出改进措施会更有针对性；专家评价的好处是能够借助外部专家更全面的视角和更丰富的经验，多维度发现企业管理存在的各种不足。

二、评价程序

组织烟气治理设施运行标准化管理效果评价，首先应该建立健全运行标准化管理组织机构，做到分工明确，任务清晰；编制并发布运行标准化管理评价管理程序及文件，并对查评人员进行集中培训，使其熟悉评价管理程序、评价方法和考评标准；开展效果评价时，查评人员根据运行标准化管理评价标准实施评价，并编写评价总结，提交评价报告；受评单位根据评价报告的问题及意见，制定整改方案并落实整改，完成闭环。运行标准化现场评价主要流程见表6-1。

表6-1　　运行标准化现场评价主要流程

序号	流程	工作内容
1	召开现场查评首次会	听取受评单位自查报告，了解掌握脱硫现场运行标准化管理的基本情况
2	查阅相关运行管理过程资料、文件、记录	检查“两票三制”执行情况，检查缺陷过程管理、质量学习记录，运行制定管理文件、技术措施，运行分析、会议纪要、总结报告，查阅运行各类奖惩通报，了解考核情况等
3	查看设备运行状态	包括参数、保护、自动投入/退出、无渗漏等情况，查看技术改造优化后的设备运行状态，了解系统运行经济指标和小指标情况
4	编写评价报告	包括本次检查评价的基本情况、检查中发现的亮点及问题、检查建议及结论等
5	召开查评末次会	通报检查结果，查评人及现场负责人签字确认，并组织整改

第二节　评价内容与标准

管理效果评价标准是开展烟气治理设施运行标准化管理评价的依据，运行标准化管理评价标准见表6-2，标准化工作不符合项报告（模板）见表6-3。

表6-2　　运行标准化管理评价标准

序号	评价项目	评价内容	评价标准及要求	评价方式
1	运行基础管理（30分）			
1.1	缺陷管理（8分）	缺陷台账	（1）建立缺陷填报、验收、统计、分析台账。 （2）缺陷填写与生产现场的运行情况相符；缺陷与工作票工作内容相符	检查台账、记录 检查缺陷管理及生产管控系统

续表

序号	评价项目	评价内容	评价标准及要求	评价方式
1.1	缺陷管理（8分）	缺陷统计、检查、分析与考核	（1）频发缺陷要有原因分析及措施落实情况。 （2）暂时不能消除的缺陷，检修专业要进行交代说明并制定防止缺陷扩大或恶化的预防措施。 （3）管理人员定期（项目公司负责人每月一次，安全生产部负责人或专业专工每周一次）对缺陷的统计、分析台账进行检查并签字。 （4）定期（每月2日前）对上月缺陷进行统计汇总（缺陷数量及其分类、缺陷消除数量、及时消除数量、重复缺陷数量、消缺率、消缺及时率）。 （5）每月对缺陷消除情况进行分析，安全生产部组织检修专业编制缺陷分析报告。对不及时、未消除缺陷进行缺陷状态评估，并制定临时处理计划，对遗留缺陷进行分析、汇总。 （6）按照缺陷管理制度对检修班组消缺率、消缺及时率和重复缺陷进行考核奖惩	检查台账、记录 检查缺陷管理及生产管控系统
		无渗漏治理	（1）渗漏点纳入缺陷管理，项目公司应建立密封点台账，每季度应开展一次无渗漏自查整改。 （2）综合渗漏率不应超过0.3‰	
1.2	巡回检查（5分）	巡回检查制度执行情况	（1）按照巡回检查管理制度和标准巡检卡的要求，结合设备分布和工艺特点，规划巡回检查路线，做到不离线、不漏项，全覆盖。 （2）按制度和标准巡检卡规定的时间、路线和项目进行点巡检。 （3）管理人员每天对巡检情况进行抽查，在巡检记录本上签字并对巡检情况做出评价。 （4）管控系统中的巡检、巡查月度漏检率不大于5%	检查制度、记录和通报等资料
1.3	交接班（4分）	交接班管理制度执行情况	（1）交接班应按照交接班管理制度规定的交接班程序进行，交接内容按岗位分工实行岗位对口交接。 （2）交接班前应按制度规定进行交接班前的检查：①交班前1h，查DCS画面参数；②交班前30min检查确认具备交班条件；③接班前20min到达现场，检查现场设备。 （3）各级管理人员参加运行交接班，及时指出存在问题，并做好记录（运行专工和班长每周至少两次、安全生产部负责人每周至少1次，项目公司负责人每月至少一次）	检查制度、记录和通报等资料 检查制度、记录和通报等资料
1.4	设备定期切换（5分）	设备定期切换与试验记录	运行人员按制度要求进行切换和试验，并做好记录	检查定期切换与试验工作记录

续表

序号	评价项目	评价内容	评价标准及要求	评价方式
1.4	设备定期切换（5分）	操作监护与延期闭环	（1）定期切换与试验应使用操作票；重要的操作与试验，要有试验方案；除有操作人、监护人外，值班负责人按要求通知安全生产部负责人、运行专工及相关专业专工到场监督指导。 （2）设备有严重缺陷或运行方式不允许，导致不能做切换和试验工作的，应在运行日志和记录本中注明原因，并有防范措施，由运行专工和安全生产部负责人签字同意后可延期执行；在具备执行条件后，由运行班长安排执行	检查过程资料
		管理人员检查记录	管理人员定期对制度的执行进行检查并在记录本上签字（运行专工每周至少一次、安全生产部负责人和项目公司负责人每月至少一次）	
1.5	运行台账管理（8分）	运行分析台账	运行分析台账完整（包括缺陷台账、缺陷分析、异常分析、岗位分析、运行月度分析、专题分析等）	检查台账、记录等资料
		设备台账	设备台账完整（包括异动申请及竣工报告、验收单、检修交代记录）	
		药剂使用记录	废水加药记录，消泡剂使用记录完整	
		运行日志及报表	运行日志及运行报表完整（含运行日志、运行班前、班后会记录、巡检记录本等）	
		保护定值台账	保护定值台账完整（包括联锁保护定值表、试验记录，保护投入/退出审批表及记录等）	
		试验记录台账	试验记录台账完整（包括事故按钮试验记录、设备摇绝缘记录、皮带机拉线开关试验记录、设备定期切换记录等）	
		工作票、操作票	工作票、操作票台账完整（包括工作票、操作票登记表、工作票、操作票等）	
		工器具台账	运行工器具使用台账完整（包括工器具领用和定期检查记录；接地线、接地开关装拆记录；钥匙借用记录；防误闭锁钥匙使用记录等）	
		重点区域进出登记	人员进出重点区域，如氨站、电子间、配电间、工程师站等需登记并填写进、出时间	
		运行班组安全管理台账	运行班组安全管理台账记录（包括安全活动记录、反事故演习记录、急救箱药品清单及检查表）	

续表

序号	评价项目	评价内容	评价标准及要求	评价方式
2	生产指标管理（25）			
2.1	脱硫生产指标（8分）	检查脱硫生产运行指标参数	（1）出口SO_2浓度不超环保排放标准及所在电厂要求的排放值。 （2）各级除雾器前、后差压应控制不超规程允许值，严禁出现连续2h超标情况。 （3）脱硫效率大于设计值并实行环保排放标准。 （4）吸收塔浆液：密度、pH值、酸不溶物等各项参数在规程允许值内。 （5）石灰石浆液：密度在规程允许值内；过筛率大于或等于90%。 （6）石膏品质：$CaSO_4 \cdot 2H_2O \geqslant 90\%$；$CaCO_3 < 3\%$；$CaSO_4 \cdot 1/2H_2O < 1\%$	检查运行数据 抽查运行记录
2.2	脱硝生产指标（6分）	检查脱硝生产运行指标参数	（1）脱硝出口NO_x浓度不超环保排放标准及所在电厂要求排放值。 （2）脱硝效率大于设计值并实行环保排放标准。 （3）脱硝系统投运率大于设计值。 （4）NH_3逃逸率（mg/L，6%氧量）不超设计值	检查运行数据 抽查运行记录
2.3	脱硫对标数据（6分）	脱硫对标指标完成情况	（1）脱硫厂用电率指标。 （2）脱除单位SO_2电耗。 （3）脱除单位SO_2脱硫剂耗量。 （4）脱除单位SO_2水耗量。 （5）度电脱硫剂耗量。 （6）吸收塔浆液氯离子含量。 （7）吸收塔浆液酸不溶物含量	检查运行数据抽查运行记录
2.4	脱硝对标数据（5分）	脱硝对标指标完成情况	（1）脱硝厂用电率指标。 （2）脱除单位NO_x电耗。 （3）脱除单位NO_x脱硝剂耗量。 （4）脱除单位NO_x水耗量。 （5）度电脱硝剂耗量	检查运行数据 抽查运行记录
3	运行技术管理（15分）			
3.1	规程系统图（5分）	规程系统图审核、实施、备案	运行规程和系统图应经过规定程序，经审核、批准后实施，并报生产技术部备案	抽查规程
		规程系统图审查修编	每年对规程、系统图的适宜性、有效性进行审查，每3～5年全面修编一次	
		规程系统图配备	现场应配备齐全重要的技术资料、图纸、规程、制度；运行规程和系统图必须达到人手一册，且应为受控版本	

续表

序号	评价项目	评价内容	评价标准及要求	评价方式
3.2	运行分析（5分）	月度运行分析	每月10日前开展月度运行分析工作，并做好记录，分析内容包括：生产情况、缺陷隐患、设备可靠性、节能环保、技术监督以及目前系统设备存在的问题、与设计值的偏差等	检查运行分析记录
		岗位分析	运行值班人员在值班期间随时通过设备参数、气候变化情况对设备安全运行的影响进行岗位分析	
		运行专业分析	运行专工每月将运行记录整理后，进行统计分析；运行专业分析每月至少开展一次，并将专业分析报告上报安全生产部，作为月度运行分析活动的资料	
		专题分析	开展专题分析	
3.3	技术措施（5分）	专项技术措施	制定专项技术措施，内容包括：迎峰度夏、防洪防汛、防寒防冻、重大节日保电措施等	检查措施、记录
		重大缺陷技术措施	发生重大缺陷（需停机处理或影响系统安全稳定运行的缺陷）时，制定运行技术措施	
		反事故演习及记录	根据编制的技术措施定期开展反事故演习	检查反事故演习记录
4	化验管理（8分）			
4.1	化验管理（8分）	化验规程	化验规程经过编写、审核、批准，相关人员签字审核	现场检查记录抽查
		仪器药品存放	仪器、药品、材料按规定存放，应账物相符	
		仪器设备	实验仪器和设备定期检验和校验	
		记录及档案	相关化验记录和档案完整齐全	
		危险化学品管理	剧毒、易制毒化学品实行“双把锁”保管，危险化学品领用登记并签字	
		化验分析工作	按照化验管理制度规定的项目、频次和方法进行化验，化验数据及时准确并指导运行调整	
		化验室安全设施配备和使用	化验室配置通风橱、洗眼器等设施并正常投入使用	
		持证上岗	危险化学品操作人员、化验人员持证上岗	
5	运行培训管理（9分）			
5.1	运行培训管理（9分）	技术讲课	每班组每月至少组织一次技术讲课，讲课内容应与项目公司年度培训计划内容贴合，相关培训记录要留有痕迹，培训过程要实现闭环式管理	现场检查记录抽查
		事故预想	运行人员每人每月必须至少有一次事故预想	

续表

序号	评价项目	评价内容	评价标准及要求	评价方式
5.1	运行培训管理（9分）	仿真机	所有运行人员仿真机上机练习时间不少于60学时/年	现场检查 记录抽查
		现场考问	每位生产人员每月必须至少有一次被考问的记录；考问内容应结合实际	
		技术问答	每位生产人员每月必须完成一次技术问答	
		月度考试	生产人员每月组织进行1次专业技术考试	
6	操作票管理（5分）			
6.1	操作票管理（5分）	操作票建立与使用	按要求建立标操作票清单及票库，标准操作票对现场设备实现全覆盖	现场检查 记录抽查
			按要求使用操作票，设备异动后及时修编操作票	
			操作票填写设备双重名称，即设备名称和编号	
		操作票监护与执行	电气操作必须严格执行操作监护制，不允许在无人监护的情况下进行操作；操作人和监护人必须由通过培训、考试合格并经批准的人员担任	
			倒闸操作认真执行监护复诵制；发布和复诵操作命令严肃认真、准确、洪亮、清晰，并做好录音	
		操作票管理与检查	已执行、未执行及作废的操作票至少保存三个月，执行归口管理；责任部门每月对操作票执行情况，尤其是操作票管理制度进行动态检查，分析、解决存在的问题	
7	标准化组织机构与体系（3分）			
7.1	标准化组织机构与体系（3分）	标准化机构	设立了独立标准化机构和专职标准化人员；或由相关部门和人员兼任，且明确了责任人	现场检查 考问抽查
		标准化人员	标准化人员经过标准化专业培训，具备相应能力，培训工作到位	
		标准化工作标准体系	运行标准化工作标准体系涵盖标准化工作组织与管理、标准化工作评价等保障标准；体系内标准项目齐全，格式规范，内容完整，相互协调，不交叉、不重复	
8	评价与改进（5分）			
8.1	评价与改进（5分）	监督检查	按《企业标准化工作 指南》（GB/T 35778—2017）中8.2.3～8.2.6的要求开展监督检查，并全部得到实施	现场检查 记录抽查
		标准化文件	工作（作业）现场使用的标准文件与企业标准体系文件版本、内容应一致；实际工作情况或作业过程及结果与标准相符：相应记录、报告、表单符合标准规定	
		自我评价	成立自我评价小组、进行自我评价，并提供证实性资料和相关记录	
		改进	对自我评价发现不合格项的分析、处置与改进的程序，有可操作性并实施开展标准化工作改进，制定改进措施或纳入企业标准化工作计划组织实施	

表 6-3　　标准化工作不符合项报告（模板）

检查日期：　　年　　月　　日

受检部门或班组		负责人	
评审组成员			
不符合项			
受检部门或班组负责人确认不符合项	签字：　　年　　月　　日		
不符合项整改措施（不符合项部门或班组填写）	整改措施：（可附页） 负责人签字：　　年　　月　　日		
整改措施完成情况	负责人签字：　　年　　月　　日		
评审组长验证整改措施完成情况	评审组长签字：　　年　　月　　日		

第三节　评价结果与管理

一、复核

第三方评价时，首先评价组织应安排独立专家组，对评价资料涉及的记录、证据以及资料完整性、准确性进行复核；从事复核的人员，应熟悉被评价企业所属专业领域的知识和具有丰富的标准化工作经验，评价人员不可参与同一项目的复核工作；对于复核发现的问题，应及时与评价组组长沟通，并得到确认；针对复核中存在的问题，必要时复核人员应返回被评价企业进行复核，形成复核结论。

二、申诉与投诉

申诉与投诉内容包括但不限于：

（1）对评价人员组成或行为有意见。

（2）对评价过程有异议。

（3）对评价结论有异议。

申诉与投诉的处理主要包括：

（1）建立受理、确认和调查申诉与投诉的处理流程。

（2）及时对申诉/投诉人提出的意见组织开展调查和复核。

（3）对申诉与投诉意见处理情况应书面通知申诉/投诉人。

三、监督管理

评价组织应对企业标准化工作开展监督，并明确监督内容、周期、方法等；当发现被评价企业标准体系运行、标准实施质量下降时，应督促被评价企业及时纠正；当被评价企业出现违反法律法规、强制性标准，存在弄虚作假等问题时，应撤销其证书，取消专用标志的使用权。

第四节 持续改进

运行专业在接到标准化评价报告及不符合项报告后，针对不合格项进行原因分析，并且要根据改进的依据以及改进的内容，制订切实可行的纠正措施和期限等，由责任人组织实施。

一、改进依据

改进依据主要包括但不限于以下内容：

（1）适用的标准化方针、政策、法律法规、目标和其他要求发生变化。

（2）标准体系运行、标准实施和评价提出的改进要求。

（3）与环保有关的科研成果、新技术、新工艺等方面的信息。

（4）业主、其他相关方反馈的意见。

（5）领导意识、员工能力和建议。

（6）测量、检验、试验报告。

（7）运行标准化工作纠正措施和预防措施。

二、改进内容

改进内容主要包括：

（1）改进并提升运行标准化活动的战略与策略。

（2）改进和完善标准，调整标准体系结构、完善标准内容等。

（3）改进和提升标准化人员的素质和能力，调整人员结构，提升人员技能等。

（4）改进设备设施与原材料状况，配备满足新工艺、新技术的设备设施。

三、持续改进

根据运行标准化的评价结果，应组织有关人员对运行管理与指标、规章制度、操作规程等进行修改完善，制定完善运行标准化的工作计划和措施，实施计划、执行、检查、改进，实现运行标准化持续改进的过程。

运行标准检查问题汇总表（模板）见表 6-4。

表 6-4　运行标准检查问题汇总表（模板）

序号	专业	问题描述	整改建议	检查人	检查时间

持续改进工作中将问题描述汇总传达，可固化运行人员所掌握的运行标准化知识和提高分析处理生产问题的能力，最大限度地提升运行人员运用生产技能解决标准化执行中存在问题的思维能力，持续强化员工标准化意识和红线理念，强化人员好的工作习惯素养。

运行标准化检查问题整改统计表（模板）见表 6-5。

表 6-5　运行标准化检查问题整改统计表（模板）

序号	专业	问题描述	计划完成时间	实际完成时间	负责人	预防措施

通过提出评价检查的问题和纠正与预防措施建议，以通知单方式传达到相关责任部门，并监督其落实情况，限时整改；能够进一步强化运行标准概念、基本理论和基本工作的理解，提升运行标准化的执行能力，通过每一个标准项的检查，也能进一步增强员工对标准化知识的认知能力。

另外，为了更好完善运行制度及标准，运行专业也应按照自身专业需求，及时获得、更新有关质量、职业健康安全和环境的法律、法规、标准、规程、规范、图集和其他要求，编制相关清单；将识别的有关法律法规和其他要求信息传达给员工和其他相关方，供全体员工（包括临时工和分包、对外委托的人员）学习，并严格执行。

当法律法规、行业规定、监管要求等外部环境发生重大变化时，应本着“谁使用，谁识别”的原则，及时获取并识别对应的具体章节或条款，填写《法律法规及其他要求获取、识别记录表》，经单位主要负责人确认后，建立或更新《适用法律法规及其他要求清单》；运行专业每年年初发布适用的《适用法律法规及其他要求清单》；法律法规及其他要求清单内容有较大变动时，根据实际更改情况增加发布频次，促使运行标准化的工作依据更具时效性。

附录 A

规程封面样式示例

附录 A 规定了规程封面样式。

Q/J

× × × × × × 企 业 标 准

Q/J××××—20××

××机组脱硫××规程

(××公司)

20××-××-××发布　　　　20××-××-××实施

××××发布

附录 B
规程签批页样式示例

附录 B 规定了规程签批页样式。

××机组脱硫××规程

批准：______________________

审核：______________________

编写：______________________

附录C
目次样式示例

附录C规定了目次样式。

目　次

附录 D
前言格式示例

附录 D 规定了前言格式。

前　言

本文件根据××编写。

本文件按照《标准化工作导则　第 1 部分：标准化文件的结构和起草规则》（GB/T 1.1—2020）的规则起草。

本文件代替×××××××，与×××××××相比，主要变化如下：

a）增加了××××××××××××××××。

b）删除了××××××××××××××××。

c）修改了××××××××××××××××。

d）××××××××××××××××。

本文件由企业标准化工作委员会提出。

本文件由企业×××部归口。

本文件起草单位：××××××。

本文件主要起草人：××××××。

本文件及其所替代的历次版本发布情况为：

——××××年首次发布为×××××××。

——本次为第×次修订。

注：没有替代标准可写为：本文件为首次发布。

附录 E
规程修订记录示例

附录 E 规范了规程修订记录格式（见表 E-1）。

表 E-1　规程修订记录

序号	修订性质	修订主要内容	修订后版本号	修订日期
1				
2				
3				
4				
5				
6				
7				
8				
9				
10				
11				
12				
13				
14				
15				
16				
17				
18				
19				
20				

注　1. 修订性质可分为首次制订、补充修订、重新修订等。

2. 运行、化验规程修订记录应分开记录，印刷时在各自规程附录里附上修订记录。

附录 F
规程管理流程示例

附录 F 规范了规程管理流程图（见图 F-1）。

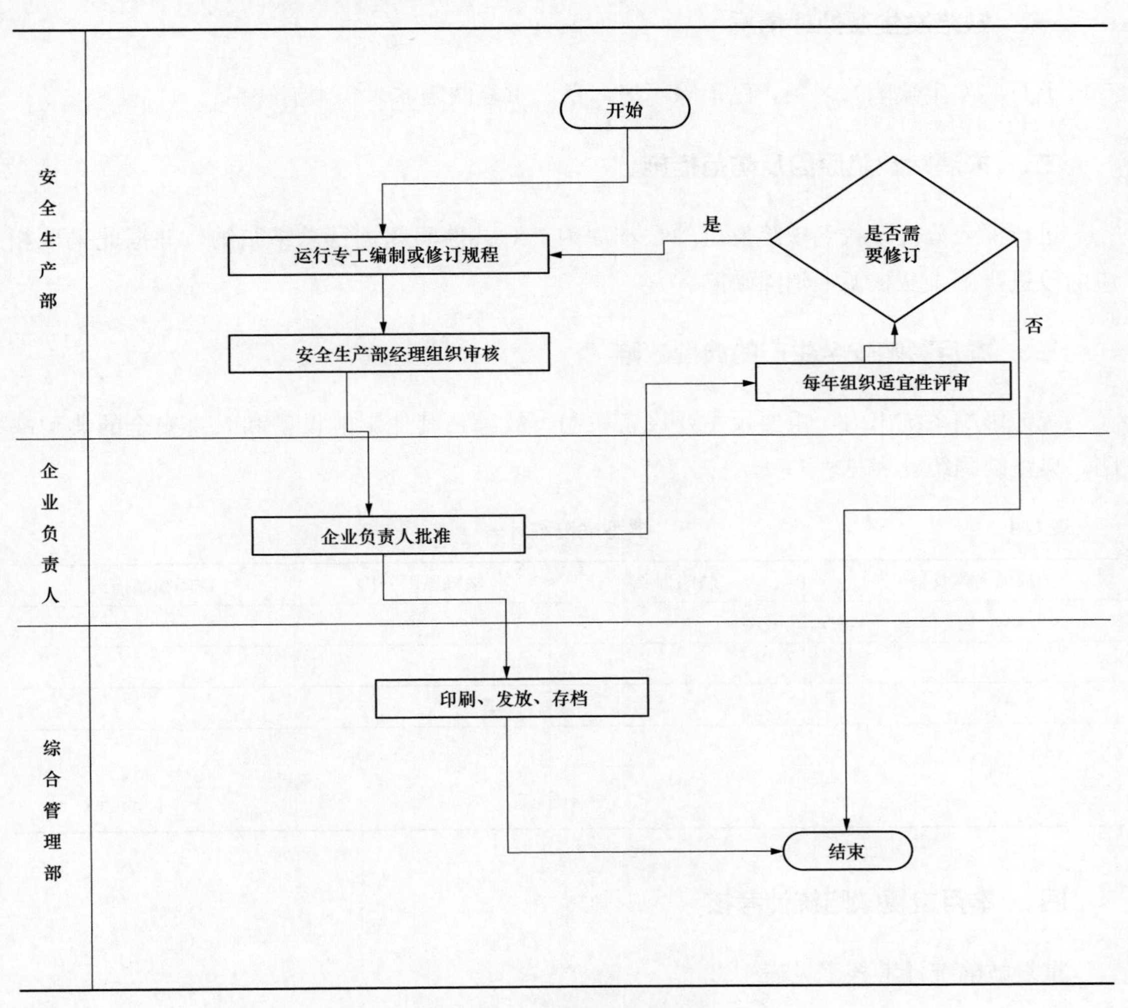

图 F-1　规程管理流程图

附录 G
缺陷统计分析报告示例

一、 缺陷发生及处理情况

上月共发生缺陷××条，已消除了××条、重复缺陷××条，消缺率××%。

二、 未消除缺陷原因及防范措施

进行深入分析，找到缺陷发生的根本原因，对共性问题进行总结归纳，并据此采取相应的改进措施，从根源上消除缺陷。

三、 本月影响安全生产的典型缺陷

统计影响系统出力，重要及主要设备跳闸、故障，其他影响设备和人身安全的典型缺陷。典型缺陷统计表见表 G-1。

表 G-1　　典型缺陷统计表

缺陷名称及编号	缺陷现象	缺陷原因分析	缺陷控制措施

四、 本月重复缺陷统计考核

重复缺陷统计考核表见表 G-2。

表 G-2　　重复缺陷统计考核表

序号	重复缺陷编号	重复缺陷内容	责任单位	考核	备注

五、缺陷统计表

××××年××月设备缺陷统计表见表G-3。

表G-3　××××年××月设备缺陷统计表

机组台数	缺陷类别	缺陷发生数量	台均发生数量（条/台）	缺陷消除数量	重复缺陷数量	消缺率（%）
	一类缺陷					
	二类缺陷					
	三类缺陷					
	四类缺陷					
总数合计						
机务	一类					
	二类					
	三类					
	四类					
电气	一类					
	二类					
	三类					
	四类					
热控	一类					
	二类					
	三类					
	四类					

附录 H

报告与记录 1 岗位分析示例

岗位分析（示例）见表 H-1。

表 H-1 岗位分析（示例）

年 月 日

班组		分析人		岗位		评价	
分析题目描述							
机组运行工况							
发生的问题及现象							
原因分析							
应采取的防范措施及对策							
专业主管评价							
备注							

附录 I

报告与记录 2 专业分析示例

××公司××月份运行分析报告

一、 生产情况分析

1. 生产概况

(1) 环保装置运行状态见表 I-1。

表 I-1　　环保装置运行状态

序号	机组编号	运营装置	运行状态	启动时间	停止时间
1	1号	脱硫	运行	××月××日××时××分	××月××日××时××分
		脱硝		××月××日××时××分	××月××日××时××分
2	2号	脱硫	临修	××月××日××时××分	××月××日××时××分
3	3号	脱硝	停备	××月××日××时××分	××月××日××时××分
4	4号	污泥	运行	××月××日××时××分	××月××日××时××分

(2) 月度安全生产情况。月度安全生产情况，包括但不限于以下内容：本月所发生的轻伤及以上人身事故、直接经济损失超过 10 万元的机械（设备）障碍、火灾事故、负同等及以上责任的轻微交通事故、一般及以上突发环境污染事故、恶性未遂事件、重大误操作事件、调度和集团公司认定的“非正常停运”事件，各装置环保指标达标排放，未发生小时均值超标事件，安全生产××天，累计生产××天等。

2. 重要操作分析

(1) 两票执行情况见表 I-2。

表 I-2　　两票执行情况

<table>
<tr><td>两票</td><td colspan="8">工作票</td><td colspan="2">操作票</td><td rowspan="3">合计</td></tr>
<tr><td rowspan="2">票种</td><td rowspan="2">热机</td><td colspan="2">电气</td><td rowspan="2">热控</td><td colspan="2">动火</td><td rowspan="2">有限空间</td><td rowspan="2">抢修单</td><td rowspan="2">热机</td><td rowspan="2">电气</td></tr>
<tr><td>一种</td><td>二种</td><td>一级</td><td>二级</td></tr>
<tr><td>数量</td><td></td><td></td><td></td><td></td><td></td><td></td><td></td><td></td><td></td><td></td><td></td></tr>
<tr><td>不合格</td><td></td><td></td><td></td><td></td><td></td><td></td><td></td><td></td><td></td><td></td><td></td></tr>
<tr><td>合格率（%）</td><td></td><td></td><td></td><td></td><td></td><td></td><td></td><td></td><td></td><td></td><td></td></tr>
</table>

(2) 两票检查情况。每月由各班组班长、专业专工（专责）、部门负责人、生产领导对两票进行动、静态检查，分别检查××次，共计检查工作票××张，操作票××张。“两票”总体执行情况，执行中的主要成绩。

(3) 存在问题及采取措施。检查中发两票检查是否全面、完整，各项措施是否完善，措施执行是否到位等。

二、节能分析

每月应对主要经济指标进行环比、同比分析完成情况，并行进行深层次分析描述重点做好对电、水、脱硫剂、脱硝剂等对标指标完成情况进行分析。

1. 主要经济指标完成情况及分析

主要经济指标完成情况及分析见表 I-3。

表 I-3　主要经济指标完成情况及分析

××公司××、××号机组××系统								
序号	指标名称	单位	本月	上月	环比（%）	××××年1～××月	××××年1～××月	年度同比（%）
1	机组发电量	万 kWh			↑			↑
2	机组上网电量	万 kWh			↑			↑
3	SO_2减排量	万 t			↑			↑
4	脱硫厂用电量	万 kWh			↑			↑
5	脱硫厂用电率	%			↑			↓
6	脱硫剂用量	t			↑			↑
7	脱除单位 SO_2脱硫剂耗量	kg/kg			↓			↓
8	脱硫用水量	t			↓			↑
9	脱除单位 SO_2脱硫水耗量	kg/kg			↓			↓

2. 脱硫厂用电率分析

（1）××月脱硫厂用电率××%，环比上月××%下降××%；同比去年同期××%下降××%。

备注：厂用电率环比、同比正负偏差 0.05%，不做分析。

（2）原因分析：

（3）调整措施：

3. 脱硫剂单耗分析

（1）××月脱除单位 SO_2脱硫剂耗量××kg/kg，环比上月××kg/kg 下降××kg/kg；同比去年同期××kg/kg 下降××kg/kg。

备注：脱硫剂耗量环比、同比正负偏差 0.05kg/kg，不做分析。

（2）原因分析：

4. 脱硫水单耗分析

(1) ××月脱除单位 SO_2 水耗××kg/kg，环比上月××kg/kg 下降××kg/kg；同比去年同期××kg/kg 下降××kg/kg。

备注：脱硫水耗量单耗环比、同比正负偏差 1kg/kg，不做分析。

(2) 原因分析：

(3) 调整措施：

5. 值间竞赛指标分析

用图表展示月度值间小指标竞赛结果，重点对竞赛情况进行分析，提出改进措施。

6. 工作亮点及不足

通过分析总结提炼运行工作取得良好成效的运行调整方法、设备改进、节能方式等。分析节能存在的突出问题，明确后续工作重点。

7. 工作计划

根据前述分析结果，结合取得的经验和存在的问题，制订下一步工作计划和重点工作任务。

三、 主要缺陷隐患分析

1. 缺陷隐患情况

××月共发生缺陷××条，已处理××条，消缺率××%。截至本月末消除缺陷××条，分别为：

(1) ××，缺陷原因分析：

(2) ××，缺陷原因分析：

2. 主要缺陷及隐患的应对措施

主要缺陷及隐患的应对措施记录表见表 I-4。

表 I-4　主要缺陷及隐患的应对措施记录表

序号	缺陷/隐患内容	发生时间	制定措施名称	执行时间
1				
2				

四、 环保分析

脱硫/脱硝环保超标排放情况统计表见表 I-5。

表 I-5　　脱硫/脱硝环保超标排放情况统计表

序号	机组编号	运营装置	运行状态	标准状态下排放限值（mg/m³）	标准状态下完成均值（mg/m³）	超标时长（h）	超标均值（mg/m³）
1	1号	脱硫	C修				
		脱硝					
2	2号	脱硫	临修				
3	3号	脱硝	停备				
4	4号	污泥	运行				

本月发生××起脱硫/脱硝环保超标排放事件，超标排放时间段为××日××时××分至××日××时××分，超标时长××时××分，最高值××mg/m³。

主要原因：

采取措施：

五、 技术监督及异常运行参数分析

1. 技术监督指标分析

本月技术监督异常指标××项，分别为：

主要原因：

采取措施：

2. 异常运行参数分析

本月异常参数××项，分别为：

主要原因：

采取措施：

六、 不安全事件分析

针对本月异常报警（设备故障、跳闸、保护装置动作等）情况，应组织分析查明原因，并对处理情况和防范措施进行评价，是否实现闭环管理。

七、 重点工作计划

根据上述分析，提出部门（专业）下一步的工作计划，明确重点工作任务。

附录 J
报告与记录 3 专题分析示例

××专题分析报告

一、 系统及设备简况

二、 目前存在的问题

三、 原因分析

四、 目前采取的措施

五、 下一步整改计划和具体工作安排

1. 设备方面的措施

2. 管理方面的措施

整改措施记录表见表 J-1。

表 J-1　　　　整改措施记录表

序号	具体措施	责任人	完成时间
…			

附录 K

报告与记录 4 不安全事件分析示例

××公司故障、设备异常分析报告见表 K-1。

表 K-1　　××公司故障、设备异常分析报告

编号：××××年-××

内容			
时间			
设备故障、异常状况过程			
原因分析			
防范措施、执行单位、完成日期			
部门审核意见		生产领导签字	